-18KG
다이어트 김밥

맛있어요, 살 빠져요
양 조절 다이어트

이아름 지음

-18KG
맛있어요, 살 빠져요
양 조절 다이어트

다이어트 김밥

초판 1쇄 발행 2022년 7월 27일

지은이 이아름

발행인 우현진
발행처 용감한 까치
출판사 등록일 2017년 4월 25일
대표전화 02)2655-2296
팩스 02)6008-8266
홈페이지 www.bravekkachi.co.kr
이메일 aoqnf@naver.com

기획 및 책임편집 우혜진
디자인 죠스 **교정교열** 이정현 **마케팅** 리자 **포토그래퍼** 이원엽 **푸드스타일리스트** 양유경 **촬영 도움** 이은희, 노혜령, 이아영
촬영 협찬 나노미, 피키다이어트, 허니 농장
CTP 출력 및 인쇄·제본 미래피앤피

ISBN 979-11-91994-07-0(13590)

ⓒ 이아름
정가 17,500원

감성의 키움, 감정의 돌봄 용감한 까치 출판사

용감한 까치는 콘텐츠의 樂을 지향하며 일상 속 판타지를 응원합니다. 사람의 감성을 키우고 마음을 돌봐주는 다양한 즐거움과 재미를 위한 콘텐츠를 연구합니다. 우리의 오늘이 답답하지 않기를 기대하며 뻥 뚫리는 즐거움이 가득한 공감 콘텐츠를 만들어갑니다. 아날로그와 디지털의 기발한 콘텐츠 커넥션을 추구하며 활자에 기대 위안을 얻을 수 있기를 바랍니다. 나를 가장 잘 아는 콘텐츠, 까치의 반가운 소식을 만나보세요!

세상에서 가장 용감한 고양이 '까치'

동물 병원 블랙리스트 까치. 예쁘다고 만지는 사람들 손을 마구 물고 할 퀴며 사나운 행동을 일삼아 못된 고양이로 소문이 났지만, 사실 까치는 누구 보다도 사람들을 사랑하는 고양이예요. 사람들과 친해지고 싶은 마음에 주위를 뱅뱅 맴돌지만, 정작 손이 다가오는 순간에는 너무 무서워 할퀴고 보는 까치.

그러던 어느 날, 사람들에게 미움만 받고 혼자 울고 있는 까치에게 한 아저씨가 다가와 손을 내밀었어요. "만져도 되겠니?"라는 말과 함께 천천히 기다려준 그 아저씨는 "인생은 가까이에서 보면 비극이지만, 멀리서 보면 코미디란다"라는 말만 남기고 횡하니 가버리는 게 아니겠어요?

울고 있던 겁 많은 고양이 까치는 아저씨 말에 마지막으로 한 번 더 용기를 내보기로 했어요. 용기를 내 '용감'하게 사람들에게 다가가 마음을 표현하기로 결심했죠. 그래도 아직은 무서우니까, 용기를 잃지 않기 위해 아저씨가 입던 옷과 똑같은 옷을 입고 길을 나섭니다. '인생은 코미디'라는 말처럼, 사람들에게 코미디 같은 뻥 뚫리는 즐거움을 줄 수 있는 뚫어뻥 마법 지팡이와 함께 말이죠.

과연 겁 많은 고양이 까치는 세상에서 가장 용감한 고양이가 될 수 있을까요? 세상에서 가장 용감한 고양이 까치의 여행을 함께 응원해주세요!

누구나 한 가지 장점은 반드시 가지고 있다고 해요. 이 말을 듣고 난 후 '내 장점은 뭐지?'라고 한참 생각했어요. 제가 장점이 없는 사람이라서 오래 생각한 것이 아니라 '장점을 단 하나만 말하라고 하면 어떤 걸 꼽아야 하나' 하는 생각에 신중하고 진지하게 고민했어요. 그러다 그 한 가지를 찾았어요. 바로 추진력이었죠. 저는 제가 이루고 싶은 일이 있으면 안 되는 이유를 대기보다는 현실적으로 실천할 방법을 찾고 일단 무조건 시작했어요. 물론 무작정 시작한 일이 다 성공한 것은 아니었죠. 하지만 실패와 시행착오는 경험이 되었고 이 경험은 계획을 수정해 다시 시작하도록 하는 힘이 되었죠. 제가 지금껏 추진력을 발휘해 도전한 것들 중 가장 박수 쳐주고 싶은 것이 바로 18kg을 감량한 것이에요. 최고 몸무게를 찍고 놀라기도 하고 충격도 받았지만 제일 걱정스러웠던 건 조금만 걸어도 헐떡이고 힘들어하는 등 건강상의 변화였어요. 그때 다이어트를 결심했죠. 무엇부터 해야 할지 몰라서 일단 제가 알고 있는 다이어트 관련 지식을 적어보았어요.

적은 것을 하나로 모아보니 결국 진리는
'채소, 두부, 달걀과 지방이 적은 고기는 다이어트 식재료다'였죠.
그 사실을 깨닫자마자 냉장고를 정리하기 시작했어요.
냉장고 한 칸을 저만의 다이어트 식재료 칸으로 정해놓고 식재료를 모았죠.
'그래, 이 식재료들로 건강한 식단을 만들어보자.'

물론 처음부터 '맛있어요, 살 빠져요!' 메뉴를 만들어 먹은 것은 아니었어요. 처음엔 너무 과한 욕심으로 '맛없어요, 그런데 살은 빠질 것 같아요' 메뉴를 만들었죠. 하지만 단 며칠도 못 견디겠더라고요. 결국 다시 정크푸드와 탄수화물 가득한 음식을 먹게 되었고, 다이어트는 보기 좋게 실패했어요. 하지만 그래도 포기하지 않고 심기일전해 다시 도전했어요. 이번에는 실패 요인을 자세하게 분석해 조금 더 오래 먹을 수 있는 맛있는 다이어트 식단을 짜는 데 주력했죠. 얼큰하고 달달한 제육 볶음이 먹고 싶으면 다이어트식으로 바꿔 먹는 등 점점 입맛에 맞는 식단으로 체중을 감량하는 방법을 찾게 되었어요.

'맛있어요, 살 빠져요!'

이 책에는 그런 고민과 경험이 가득 담겨 있습니다. 제가 18kg을 감량하며 먹은 다이어트 김밥 레시피와 함께 감량하는 동안 자주 이용한 30여 가지 식재료로 만든 다이어트 김밥 레시피를 소개했어요. 유튜브 '주부팔름' 채널에 다이어트 요리 영상을 업로드하면서 많은 분들이 칭찬해주셨던 '집에 있는 식재료를 활용한 쉽고 간단한 요리, 그러면서 맛있고 살까지 빠지는 요리'에 주안점을 맞춰 개발한 레시피죠. 그뿐 아니라 다이어트 김밥을 활용하는 방법까지 실제로 도움이 될 수 있는 내용을 담았습니다. '김밥은 재료 준비가 너무 힘들다'고 생각하는 분이 많을 거예요. 하지만 다이어트 김밥은 재료 구성이 간단해 쉽게 만들 수 있어요. 김밥에 따라 재료를 미리 준비해놓고 먹을 때마다 꺼내 바로 싸서 먹을 수도, 미리 싸놓고 그대로 냉장 보관하다 꺼내 먹을 수도 있죠. 날씨가 선선한 날엔 도시락을 싸서 다니기에도 편리해요. 다이어트하기 전엔 다이어트에 성공하면 입고 싶은 옷을 입을 수 있다는 것이 가장 큰 행복일 것 같았는데, 막상 현실이 되니 달라진 내 모습을 보는 게 더 행복하더라고요. 식재료를 구입할 때 성분을 보는 습관처럼 건강을 챙기기 위한 작은 습관을 들이려고 노력하는 모습 말이에요. 이런 변화는 스스로에게 관심을 갖게 만들었습니다.

나를 먼저 챙기는 삶을 사는 것이 어려운 상황에서는
'다른 이는 물론 나도 챙기는 삶을 살자!'고 마음속으로 외친답니다.
여러분의 목표는 '건강한 다이어트 성공'인가요?
그럼 우선 시작하는 자신의 모습에 반해보세요.

여러분도 할 수 있습니다.
자, 이제 냉장고를 열어볼까요?

- 책에 소개한 레시피는 **1인분 기준입니다.**
- 김밥에 사용하는 밥은 책 앞부분에 설명한 **'다이어트 김밥 밥 짓기'**를 참고해주세요. 개인의 감량 목표와 상황에 따라 원하는 밥을 선택해 김밥을 만들면 됩니다. 매 레시피에는 일반적으로 현미밥으로 표기해두었습니다.
- 레시피마다 표기된 감량 체중과 책 앞부분의 활용법에 설명한 감량 가능 체중은 저자가 실제로 해당 레시피 또는 재료로 구성한 식단으로 일정 기간 다이어트해 감량한 체중입니다. 개인에 따라 편차가 있을 수 있습니다.
- 18kg 감량은 본문에 소개한 김밥으로만 식단을 구성해 최소 3개월 이상 다이어트를 지속했을 때 운동 없이 감량할 수 있는 몸무게로, 실제로 저자가 본문에 소개한 레시피 및 재료로 식단을 만들어 일정 기간 다이어트를 했을 때 감량했던 몸무게입니다. 개인의 현재 몸무게 및 식단 구성과 섭취 방법에 따라 편차가 있을 수 있습니다.

Weight Loss

−18kg

채소 감싼 케일 김밥 **1**

재료 ☑김 1장 ☐현미밥 ½공기 ☐케일 1장 ☐샐러드용 잎채소 1줌 ☐오이 ½개 ☐간장 2스푼
☐들기름 ½스푼 ☐통깨 약간

2 콜레스테롤 수치를 낮춰준다고 하는 케일은 건강한 식단에 늘 빠지지 않는 단골 식재료입니다. 케일뿐 아니라 신선한 잎채소도 우리에게 필요한 비타민과 식이 섬유 같은 영양소를 채워주죠. 하지만 아무리 건강한 식재료더라도 소스가 자극적이면 오히려 독이 됩니다. 그동안 다이어트를 하면서 여러 소스와 양념으로 직접 실험해 최고의 조합과 맛을 자랑하는 소스를 드디어 찾았습니다. 주인공은 바로 들기름. 일단 한번 만들어보면 신선한 채소와 고소한 들기름의 환상적인 조화에 반해 헤어 나오실 수 없을 거예요.

3
☑ EASY
☐ MEDIUM
☐ HARD

4 소요 시간 15 min

5 for 프로 다이어터

6 약 3,000원

7 −18kg 감량 때 도움받은 재료

8

9

재료팁	레시피팁
▶ 케일의 크기에 따라 수량을 변경해 주세요. 케일 대신 청상추 등 잎이 큰 채소로 바꾸어도 좋습니다.	▶ 케일과 더불어 샐러드용 잎채소를 다양하게 섭취할 수 있다는 것이 이 레시피의 장점이에요. 평소 좋아했던 채소뿐 아니라 먹어보지 못했던 생소한 채소까지 다양하게 넣어 시도해보세요.

175

① 이 김밥은 어떤 김밥인지 한눈에 알 수 있어요.

② 저자의 생생한 다이어트 경험과 재료에 대한 상세한 설명을 들을 수 있어요.

③ '이 레시피는 만들기 쉬울까, 어려울까?' 각자의 요리 실력에 맞춰 레시피를 선택할 수 있어요.

④ 요리하는 데 필요한 소요 시간을 쉽게 확인할 수 있어요. 소요 시간은 개인의 요리 실력 및 조리 도구와 상황에 따라 다를 수 있습니다.

⑤ '나에게 맞는 김밥은 어떤 김밥일까?' 이제 막 다이어트를 시작했다면 'for 초보 다이어터' 김밥을, 다이어트를 지속한 지 제법 됐다면 'for 프로 다이어터' 김밥을, 다이어트를 이제 막 끝냈다면 'for 유지어터' 김밥을 선택하시는 것을 추천합니다.

⑥ 해당 김밥을 만들기 위해 필요한 재료비를 표기해두었어요. 그때그때 상황에 따라 골라 만들어보세요. 재료비는 시기에 따라, 지역에 따라, 그리고 구매처에 따라 다를 수 있습니다.

⑦ 이 레시피 또는 이 레시피에 넣은 재료로 저자가 직접 다이어트해 감량했던 체중을 확인하세요. 감량 가능한 체중은 개인마다 다를 수 있습니다.

⑧ '이 김밥에는 어떤 재료가 들어갈까?' 김밥마다 주요 재료를 한눈에 알기 쉽도록 표시했습니다. 내가 좋아하는 재료, 나에게 필요한 재료를 쉽게 확인해 김밥을 골라보세요.

⑨ 이 밖에 추가로 알면 좋은 내용이나 꼭 알아야 하는 내용은 '재료 특징'과 '레시피 특징'에 자세하게 담았습니다. 본격적으로 요리하기 전에 꼭 읽기를 권장합니다.

〔CONTENTS〕

김밥 싸기 전 준비물

다이어트 김밥은 소화가 잘되도록, 그리고 건강한 식습관인 천천히 꼭꼭 씹어 먹을 수 있도록 속 재료를 얇고 조그맣게 다지거나 채 썰어야 해요. 그래서 조금 더 쉽게 채 썰고 다질 수 있도록 해주는 조리 도구와 그 외 구비해두면 편리한 것 등 김밥을 더 잘 만들 수 있게 도와주는 도구를 소개합니다.

① **24cm 프라이팬** 손이 큰 저는 팬까지 크면 재료를 더 많이 준비하게 되더라고요. 그래서 다이어터가 된 후로는 큰 팬을 사용하지 않으려고 해요. 24cm짜리 프라이팬이면 당근 ½개, 양파 ¼개 등 그램 수를 재지 않고 러프하게 계량해도 프라이팬에 넘치지 않도록 요리하면 적당한 양을 만들 수 있죠. 또 크기가 크지 않아 두툼한 NO 밀가루 양배추전, NO 밀가루 깻잎전, NO 밀가루 부추전을 만들 때 모양 만들거나 뒤집기도 편리하답니다.
② **사각 팬** 달걀물을 풀어 지단을 만들 때 사각 팬을 이용하면 모양을 따로 잡을 필요도 없고, 달걀 지단을 완성한 후 끝을 잘라내 네모나게 만들 필요도 없어요. 그리고 달걀물에 김을 붙이는 저만의 초간단 전매특허 김밥을 만들 때도 사각 팬을 이용하면 더욱 편리하답니다.
③ **채소 다지기** 끈을 잡아당기면 칼을 이용하지 않아도 양파부터 단단한 당근까지 쉽게 채소를 다질 수 있어요. 채소 다지기는 사용한 후 바로 세척하는 것이 좋아요. 다진 채소가 통과 칼날에 붙어 사용한 후 바로 세척하지 않으면 설거지 지옥에 빠

진답니다. 바로 세척하면 불리지 않고도 금방 깨끗이 씻어낼 수 있어요.

④ **채칼** 다이어트 요리를 만들 때 채 썰기를 자주 하는데, 먹기 편할 뿐만 아니라 길고 얇게 채 썬 것을 먹으면 큰 채소를 씹을 때보다 천천히 먹을 수 있기 때문에 채 썰기와 얇게 써는 것을 선호해요. 그래서 길게 써는 채칼과 얇게 슬라이스할 수 있는 채칼을 자주 이용한답니다. ※ 채칼을 사용할 때는 손을 보호하기 위해 면장갑을 끼는 것, 잊지 마세요.

⑤ **채반** 채칼로 길게 자른 채소를 소금에 절여 수분을 뺄 때 채반을 자주 이용해요. 두부를 채반에 올려놓으면 수분을 빼는 데 도움이 된답니다.

⑥ **주방용 가위** 쉽게 잘리는 상추, 깻잎, 버섯 등은 편하게 주방용 가위로 싹둑싹둑 자르세요. 주방용 가위를 사용하면 요리 시간을 줄일 수 있을 뿐 아니라 칼과 도마를 사용할 때보다 설거지 거리를 줄일 수 있죠.

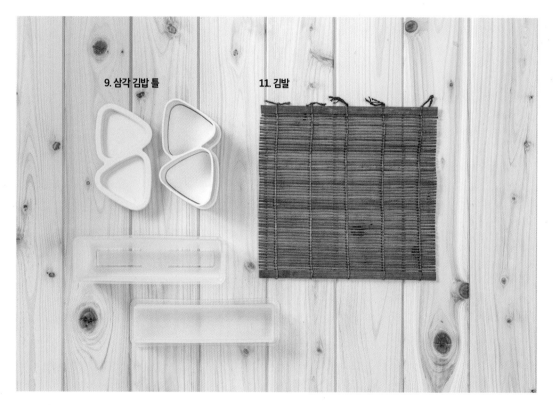

⑦ **숟가락** 제가 계량스푼으로 사용하는 것은 가장 편리하고 익숙한 밥숟가락이에요. 그리고 양배추, 슬라이스한 양파 등을 달걀물과 섞을 때 밥숟가락 2개를 사용하면 쉽게 잘 비빌 수 있어요.

⑧ **티스푼** 소금같이 적은 양의 재료를 계량할 때 티스푼을 이용하면 편리해요.

⑨ **삼각 김밥 틀** 틀을 사용하면 삼각 김밥을 만들 때 모양 잡기가 훨씬 수월하답니다. 그리고 틀 크기가 정해져 있기 때문에 양을 맞추기도 편리해요.

⑩ **칼 & 도마** 가장 기본적인 조리 도구죠. 잘 잘리는 식재료는 주방용 가위로 자르지만 고기, 단단한 채소는 칼과 도마를 이용해요. 중요한 것은 항상 손 조심하는 걸 기억, 또 기억해야 한다는 것이에요.

⑪ **김발** 김밥을 말 때 조금 더 단단하게 말 수 있어요. 틈이 촘촘하기 때문에 사용한 후 염분과 수분을 특히 더 깨끗이 씻어낸 후 보관해야 해요.

10. 칼 & 도마

7. 숟가락

8. 티스푼

5. 채반

4. 채칼

3. 채소 다지기

6. 주방용 가위

초간단 밥숟가락 계량법

사실 다이어트 요리를 만들면서 가장 어려웠던 것 중 하나가 계량이었어요. 한번 만든 요리가 맛있어서 다시 만들어보면 전혀 다른 맛이 되어 있는 거죠. 계량스푼과 계량컵을 사서 써봐도 원래 사용하던 것이 아니니 손에 익지 않고요. 그래서 평소에 자주 사용하는, 눈에 보이는 곳에 있는 조리 도구로 계량했어요. 밥숟가락, 티스푼, 국자, 쌀 계량컵 등 네 가지만 있으면 제가 만드는 모든 다이어트 요리 재료를 계량할 수 있죠. 레시피의 간이 조금 싱거우면 ⅛씩 양을 더 넣어서, 간이 짜면 ⅛씩 양을 조금씩 덜 넣어서 간을 맞춰주세요.

밥숟가락 1스푼 (5㎖)	밥숟가락 ½스푼 (2.5㎖)

팬에 볶을 때 사용하는 올리브유와 대부분의 양념을 계량할 때 사용합니다. 팬에 볶을 때는 보통 올리브유 1스푼을 사용하는데, 조금 더 클린하게 만들고 싶을 때는 밥숟가락으로 ½스푼(2.5㎖)을 사용해요.

·티스푼 1스푼(2.5㎖)
소금같이 양이 적은 재료를 넣을 때는 티스푼을 사용합니다.

·국자 1국자(100㎖)
제로 칼로리 사이다를 넣어 다이어트 백김치를 만든다거나, 삶고 찔 때, 다이어트 국물 요리를 만들 때 주로 사용하는 계량법입니다.

쌀 계량컵 1컵(185㎖) 현미밥, 곤약밥 등 밥을 짓기 위해 계량할 때 사용합니다.

※불 세기
① 약한 불 : 기름 없이 물을 소량 넣고 채소를 볶을 때와 고기와 양념을 같이 익힐 때 약한 불로 조리하세요.
② 중약불 : 가장 많이 사용하는 불 세기로 기름을 넣는 볶음과 달걀물을 익힐 때 사용해요.
③ 중간 불 : 한번 볶아낸 재료의 수분을 날릴 때와 데치거나 삶을 때 사용해요.
④ 중간 불과 강한 불 사이 : 자주 사용하진 않지만 중간 불에서 잘 날아가지 않은 수분을 한번 더 날릴 때 사용해요.

다이어트 김밥을 잘 마는 방법

다이어트 김밥은 일반 김밥보다 밥 양이 적거나, 밥이 들어가지 않기 때문에 어려운 점이 있죠. 바로 김밥이 풀리지 않게 말기가 힘들다는 점이에요. 김밥은 재료 준비만 끝내면 간단하게 만들 수 있다는 장점과 더불어 예뻐 보인다는 큰 장점도 있죠. 다이어트를 하다 보면 이왕이면 예쁘게 먹고 싶고 예쁜 그릇에 올려 먹고 싶은 마음이 생기잖아요. 그런데 김밥이 터져버린다면 곤란하겠죠. 다이어트 김밥을 잘 말기 위한 다섯 가지 초간단 비법을 활용해보세요.

방법 1. 달걀 지단에 김 붙이기
달걀물을 풀어 사각 팬에 올리고 살짝 익었을 때 김을 위에 올려 달걀과 김을 붙이는 방법이에요. 김 위에 달걀을 올리면 김밥을 말면서 달걀이 움직여 삐뚤삐뚤해져요. 달걀이 김보다 크게 부쳐져 애매한 상황이 생기기도 하죠. 이 방법을 이용하면 달걀 지단을 따로 얇게 썰 필요도 없답니다.

방법 2. 김밥 끝부분에 밥풀 붙이기
김밥을 말 때 김 위 앞부분에 밥을 올리고 맨 끝부분에 밥풀을 붙이는 방법이에요. 끝부분을 밥풀로 확실히 접착할 수 있으니 김밥이 터질 위험이 없죠.

방법 3. 김밥 끝부분에 치즈 붙이기
김밥을 말 때 김 맨 끝부분에 치즈를 꾹꾹 눌러 붙이는 방법이에요. 이때 치즈는 네모난 것을 사용하는 것이 좋아요. 치즈 양은 김밥 종류에 따라 조절하면 되지만 최대 2개를 넘지 않도록 해주세요. 치즈를 잘라 겹겹이 올려놓으면 풍미를 더하는 것은 물론 김밥을 딱 붙게 하는 접착제 역할도 하죠.

방법 4. 꼬마 김밥일 경우에는 데친 부추로 묶기
가장 쉬우면서 간단한 방법이에요. 부추를 살짝 데쳐 김밥 가운데를 묶는 방법이에요. 부추가 아닌 쪽파도 괜찮아요. 단, 데치지 않으면 묶기 힘드니 꼭 데쳐서 사용하세요.

방법 5. 접는 김밥일 경우에는 맨 마지막 칸에 밥 넣기
김 위에 재료를 넣고 접다 보면 눈 깜짝할 사이에 완성되는 접는 김밥. 만들기 쉬워서 좋지만 통째로 먹거나 반으로 잘라 한입 베어 물면 재료가 우두두두 떨어지곤 해요. 접는 김밥을 만들어본 적이 있다면 한 번쯤은 이런 당황스러운 상황을 겪으셨을 거예요. 접는 김밥은 순서가 중요한데, 맨 마지막에 접히는 4번 칸에 밥을 올려주세요. 밥 없는 김밥을 만들고 싶다면 4번 칸에 치즈를 올리고 꾹 눌러주면 한입 베어 물어도, 반으로 잘라 먹어도 터지지 않아요.

밀프렙이 가능한 다이어트 김밥 보관법

다이어트 김밥에 자주 사용하는 재료는 김, 두부, 달걀, 양파, 양배추, 무, 버섯, 당근, 깻잎, 김치, 상추, 오이, 파, 돼지고기 뒷다리살이에요. 이 중에는 신선함을 유지하기 위해 만들 때마다 준비해야 하는 식재료도 있지만, 미리 준비해서 냉장 보관해바로바로 사용하는 것도 있죠.

김밥 재료 보관법

김밥 재료를 보관할 때는 재료의 모양 그대로 보관할 수 있는 직사각형 통이 편리해요. 저는 노브랜드 '냉장고 정리 시스템 용기 직사각(1.9L)'을 사용하고 있어요. 아랫면에 홈이 길게 파여 있어 재료가 밀착되지 않아 수분이 덜 생기더라고요.

1. 손질을 끝낸 후 냉장 보관할 수 있는 식재료
· 김치: 김치를 씻어 최대 일주일간 냉장 보관할 수 있어요.
· 구운 두부: 생두부를 조각조각 잘라 냉장 보관하면 금방 상하기 때문에 두부는 사용할 때마다 자르는 것이 좋지만
　　　　　 에어프라이어에 구우면 최대 3일 정도 냉장 보관할 수 있어요.
2. 손질 후 볶는 과정까지 끝낸 다음 냉장 보관할 수 있는 식재료
양파, 양배추, 버섯, 당근, 파는 모두 3~5일 정도 냉장 보관하는 것이 좋아요.

완성된 다이어트 김밥 보관법

신선한 상태를 유지하기 위해 완성한 김밥은 유리 밀폐 용기에 넣어 냉장 보관하되 3일 이상 보관하지 않는 것이 좋아요. 완성된 김밥을 냉장 보관할 경우엔 평소보다 밥을 조금만 질게 지어서 만들면 밥이 건조해지는 것을 방지할 수 있어요.

※ 자주 이용하는 식재료

사조 <살코기 플러스 참치> 기름을 쏙 빼서 느끼함을 줄인 담백한 참치입니다. 칼로리를 기존 살코기 참치 대비 40% 낮추어 다이어트 하는 데 도움을 주죠. 용량은 150g, 100g짜리가 있는데, 캔에 있는 것을 한 번에 먹으려면 100g짜리로 구매하는 것을 추천합니다.
노브랜드 <국산 콩으로 만든 두부> 대형 마트에서 쉽게 구매할 수 있는 두부로 300g짜리 두부 2개를 한 번에 구매할 수 있어요. 국산 콩으로 만들어 더욱 건강하고, 부침과 찌개 겸용이라 다양하게 활용할 수 있죠. 두부를 냉장 보관할 때는 밀폐 용기에 담아 두부가 잠기도록 물을 채우고 냉장 보관해주세요.
노브랜드 <냉동 양지 샤브샤브> 한입 크기로 손질한 600g의 냉동 양지입니다. 기름기가 적고 대형 마트에서 쉽게 구매할 수 있다는 것이 장점이에요.
신선애 <소고기 홍두깨살, 돼지고기 뒷다리살, 닭 가슴살> 다이어트할 때 섭취하면 좋은 동물성 단백질이 풍부한 소고기 홍두깨살, 돼지고기 뒷다리살, 닭 가슴살을 한 번에 먹기 좋은 양으로 포장해 편리하게 보관할 수 있어요. 소고기 홍두깨살과 돼지고기 뒷다리살은 얇게 손질되어 있어 조리하기 수월합니다.
1am <알뜰 데일리 샐러드> 샐러드 채소 100g씩 바로 먹을 수 있도록 손질되어 있고 세척할 필요가 없어 무척 편리합니다. 종류별로 양배추·파프리카 조합, 베이비 샐러드 조합 등 채소의 구성이 다양해 다이어트 김밥을 쌀 때 맛 조합을 다양하게 활용할 수 있어요.

다이어트 김밥 밥 짓기

대부분의 레시피에는 현미밥으로 표기되어 있지만, 다이어트 김밥에 넣는 밥은 각자의 다이어트 목표와 입맛에 따라 자유롭게 바꿀 수 있어요. 가볍게 먹고 싶다면 곤약밥, 식물성 단백질을 추가하고 싶다면 두부밥으로 김밥을 만드세요. 속 재료뿐 아니라 밥도 바꿀 수 있어 다이어트 김밥을 더 다양하고 맛있게 즐길 수 있습니다. ※ 각 밥의 총량은 동그라미 김밥 2줄을 쌀 수 있는 양입니다.

현미밥 재료 현미 1컵(쌀 계량컵)

현미는 벼의 겉껍질만 벗겨낸 쌀로, 일반 쌀보다 식이 섬유가 풍부합니다. 다이어트하면서 식이 섬유를 꼭 섭취해야 한다는 얘기를 자주 들어보셨을 거예요. 우리가 음식으로 당분을 섭취했을 때 식이 섬유가 당분 섭취 속도를 최대한 늦춰주기 때문에 자연스레 살이 찌는 시간도 조금은 늦춰주기 때문이죠. 그래서 식이 섬유가 많이 함유된 식품을 먹으면 포만감이 금방 느껴져 적당히 배부를 때 손을 놓을 수 있게 된답니다. 이처럼 다이어터라면 숙명처럼 늘 단짝으로 여겨야 할 현미밥. 하지만 특유의 까칠까칠한 식감 때문에 호불호가 많이 갈리는 식재료 중 하나입니다. 그런데 현미에도 다양한 종류가 있다는 사실, 알고 계셨나요? 발아 현미부터 껍질을 벗겨내 부드러운 식감을 자랑하는 현미까지 다양하니, 일반적인 현미의 까칠까칠한 맛이 싫으시다면 껍질을 벗겨 부드러운 현미를 이용해보는 걸 추천합니다.

① 쌀 계량컵으로 현미 1컵을 100℃ 물에 20분간 불린다.
② 불린 현미를 밥솥에 넣고 잡곡 선보다 물을 조금 더 여유롭게 넣는다.
③ '잡곡' 버튼을 누르고 '취사'를 누른다.

곤약밥 재료 현미 ¼컵(쌀 계량컵), 찰현미 ¼컵(쌀 계량컵), 다진 곤약 ½컵(쌀 계량컵)

수분과 식이 섬유가 풍부한 곤약은 250g당 35kcal로 저칼로리 식재료예요. 곤약과 현미, 찰현미를 섞어 만든 곤약밥은 현미밥보다 칼로리가 훨씬 적을 뿐만 아니라 더 부드럽기까지 합니다. 그래서 현미의 까칠까칠한 식감을 불편해하는 분들은 더욱 좋아하실 거예요. 곤약에 수분이 많으니 밥을 지을 때 물 양을 꼭 줄여주세요.

① 쌀 계량컵으로 찰현미 ¼컵, 현미 ¼컵을 섞어 100℃ 물에 20분간 불린다.
② 곤약을 뜯어 물로 한번 씻은 후 채소 다지기로 다진다.
③ 다진 곤약을 채반에 올려 물로 씻는다.
④ 불린 찰현미와 현미를 밥솥에 넣고 물을 완전히 잠기지 않을 정도로만 자작하게 넣는다.
⑤ ❹에 ❸을 쌀 계량컵으로 ½컵 붓는다.
⑥ '백미' 버튼을 누르고 '취사'를 누른다.

두부밥 재료 두부 1모, 현미밥(또는 곤약밥) 6스푼, 생수 3스푼

두부는 식물성 단백질을 함유해 요리법에 따라 다양하게 변신하는 최고의 다이어트 식재료입니다. 팬에 으깬 두부와 소량의 밥을 넣고 함께 볶으면 탄수화물 양은 줄이고 포만감은 높이는 두부밥을 만들 수 있어요. 볶을 때 생수를 밥숟가락으로 3스푼 넣으면 밥과 두부가 서로 잘 엉겨붙어 식감이 어우러지는 두부밥을 만들 수 있어요. 취향에 따라 약한 불에서 볶으면 찐득한 두부밥을, 중약불로 볶으면 고슬고슬한 두부밥을 만들 수 있어 선택해서 먹을 수 있어요.

① 팬에 두부 1모, 현미밥(또는 곤약밥) 6스푼을 올리고 생수 3스푼을 부어 약한 불에서 볶는다.
② 수분이 날아가면 중약불로 조금 더 볶아서 마무리한다.

비빔밥용으로 간단하게 만들 때 좋은 두부밥 재료 두부 ½모, 현미밥(또는 곤약밥) 6스푼

이보다 더 간단할 수는 없다! 두부와 밥을 섞어 먹는 두부밥이에요. 불 없이 만들 수 있어 특히 더운 여름에 더욱 자주 찾게 된답니다. 밥 6숟가락과 두부 ½모의 만남. 이 비율이면 두부 맛만 나는 것도 밥 맛만 나는 것도 아닌, 맛 궁합이 딱 맞는 밥을 만들 수 있어요. 또 간단하게 탄수화물 섭취를 줄일 수 있답니다. 비빔밥을 만들 때 특히 잘 어울려요.

① 볼에 두부 ½모, 현미밥(또는 곤약밥) 6스푼을 넣는다.
② 두부를 으깨면서 비빈다.

다이어트 뺌뺌 주스 & 빠짐 주스

유튜브 주부팔름 채널에 다이어트 주스 레시피를 업로드한 후 따라서 만들어본 분들의 "뺌뺌 됐다! 빠짐 됐다!" 하는 후기가 가득했습니다. 유지어트를 하고 있는 지금도 나트륨을 많이 섭취한 다음 날에는 꼭 만들어 먹는 주스예요. 저에겐 화장실 문제도 시원하게 해결해주는 다이어트 주스라 더욱 애착이 간답니다. 다이어트 주스를 가장 잘 이용하는 방법은 아침 공복에 마시는 것인데, 다음 물을 충분히 마시는 것이 좋아요. 김밥 식단과 다이어트 주스로 식단을 구성할 경우에는 김밥과 다이어트 주스를 함께 먹는 것보다는 먼저 주스를 1컵 마시고 30분 후에 김밥을 드시는 것을 추천합니다.

뺌뺌 주스

재료 당근 ½개, 사과 ½개, 우유 1+½국자(150㎖), 물 1국자(100㎖), 올리브유 1스푼

① 당근 ½개를 채 썬다. ② 팬에 올리브유 1스푼을 두르고 1을 넣어 볶는다. ③ 볶은 당근을 식힌다. ④ 믹서에 식혀놓은 볶은 당근, 사과 ½개, 우유 1+½국자, 물 1국자를 넣고 간다.

살 빠지는 주스 ❶ 뱀뱀 주스 사과와 당근은 면역력 증진에 좋다는 이유로 건강 식단에 자주 소개되는 식재료예요. 사과와 당근은 같이 먹었을 때 더 큰 효과를 발휘한다고 합니다. 비타민 A · C, 칼륨, 식이 섬유 등 다양한 영양 성분을 한 번에 섭취할 수 있다는 것이 큰 장점이에요.

살 빠지는 주스 ❷ 빠짐 주스 당근이 아무리 몸에 좋고 사과와 잘 어울린다고 해도 특유의 향 때문에 꺼려진다는 분이 많아요. 당근을 쪄서 주스를 만들면 향이 많이 사라지니 참고하세요. 이 주스에는 나트륨을 배출하는 데 도움을 주는 칼륨을 풍부하게 함유한 코코넛 워터가 들어가요. 코코넛 워터를 고를 때는 액상과당을 첨가하지 않은 것인지 꼭 확인하고 구매하세요.

빠짐 주스

재료 당근(작은 것) 1개, 사과 ½개, 우유 2국자(200㎖), 코코넛 워터 1국자(100㎖), 물 8스푼

① 당근 1개를 쪄서 식힌다. ② 믹서에 1의 당근, 사과 ½개, 우유 2국자, 코코넛 워터 1국자, 물 8스푼을 넣고 간다.

−18kg

운동 없이 −18kg 감량을 위한 다이어트 김밥 활용법

다이어트 김밥 잘 활용하기 〈기초 편〉

하루 세 끼 식사 중 다이어트 김밥을 몇 번 먹을지 선택하세요

예를 들면 하루 세 끼 중 두 끼는 일반식을 먹고 한 끼는 다이어트 김밥을 먹어야겠다고 생각하는 분들도 있을 것이고, 하루 세 끼 모두 다이어트 김밥을 먹어야겠다고 생각하는 분들도 있을 거예요. 본인의 감량 목표와 상황에 맞게 계획하세요.

전날 또는 아침에 오늘 먹을 다이어트 김밥을 골라주세요

팁을 드리자면, 조리법과 양념은 다르지만 식재료가 중복되는 김밥을 선택하세요. 예를 들면 '양배추가 들어간 김밥 세 가지' 등 중복되는 식재료를 쓴 다이어트 김밥으로 구성하면 구매한 식재료를 여러 번 먹을 수 있기 때문에 버리는 재료 없이 알뜰하고 현명한 다이어트를 할 수 있어요.

아무리 입맛에 맞아도 하루 종일 같은 김밥을 먹는 것은 추천하지 않습니다

같은 다이어트 김밥을 먹는다고 해서 한 가지 식재료만 먹는 원푸드는 아니지만 되도록 다양한 김밥으로 식단을 구성하세요. 다이어트에서 가장 중요한 것은 건강한 식재료를 골고루 잘 먹는 것입니다. 그러므로 같은 영양소를 반복해서 섭취하는 것이 아니라 다양한 다이어트 김밥으로 여러 영양소를 섭취하는 것이 중요해요.

다이어트 김밥은 식사로만 드세요

김밥에는 대부분 현미밥을 넣기 때문에 실제로 만들어서 먹어보면 생각보다 든든해요. 그런 만큼 식사 시간 외 간식으로 먹는 것은 웬만하면 피하는 것이 좋아요.

다이어트 김밥 더 잘 활용하기 〈심화 편〉

현미밥 ⋮ 곤약밥

곤약밥으로 김밥을 만드세요

다이어트 김밥 레시피를 보면, 재료에 모두 현미밥으로 되어 있지만 (P.18)에 밥 레시피를 모아놓은 부분이 있으니 참고해서 현미밥을 곤약밥 또는 두부밥으로 바꾸세요.

천천히

최대한 천천히 드세요

김밥을 먹기 전 스톱워치 또는 휴대전화 알람을 20분에 맞춰두고 천천히 꼭꼭 씹어서 드세요.

basic

다이어트 기간을 설정하고 확실한 감량 목표까지 정했다면 다이어트 김밥을 이렇게 활용해보세요

운동 없이 한 달 동안 -3kg 활용법

아침 → 일반식
점심 → 일반식
저녁 → 다이어트 김밥

아침, 점심은 일반식을 먹되 양을 조절하고 저녁은 다이어트 김밥으로 드세요

아침, 점심을 고기로 먹었다면 저녁에 먹는 다이어트 김밥은 채소를 많이 넣은 김밥으로 선택하고,
아침, 점심에 채소가 많은 음식을 먹었다면 저녁으로는
소고기, 돼지고기 뒷다리살, 닭 가슴살처럼 고기를 넣은 다이어트 김밥을 드세요.

운동 없이 한 달 동안 -5kg 활용법

한 끼 → 일반식
두 끼 → 다이어트 김밥
세 끼 → 다이어트 김밥

다이어트 김밥 섭취 횟수를 늘리세요

하루 세 끼 중 한 끼는 일반식을 먹되 양을 조절하고 두 끼는 중복되지 않는 메뉴로 다이어트 김밥을 선택하세요.
식사 시간 외엔 공복 시간을 유지하는 것이 좋고, 김밥 양이 부족한 날엔 밥 양을 늘리지 말고 김밥 재료 중 채소의 양을 늘리세요.

level up

*재료, 난이도 등 여러 요소를 종합적으로 판단해 나눈 분류입니다.

application

DIET
동그라미 김밥

PART 01

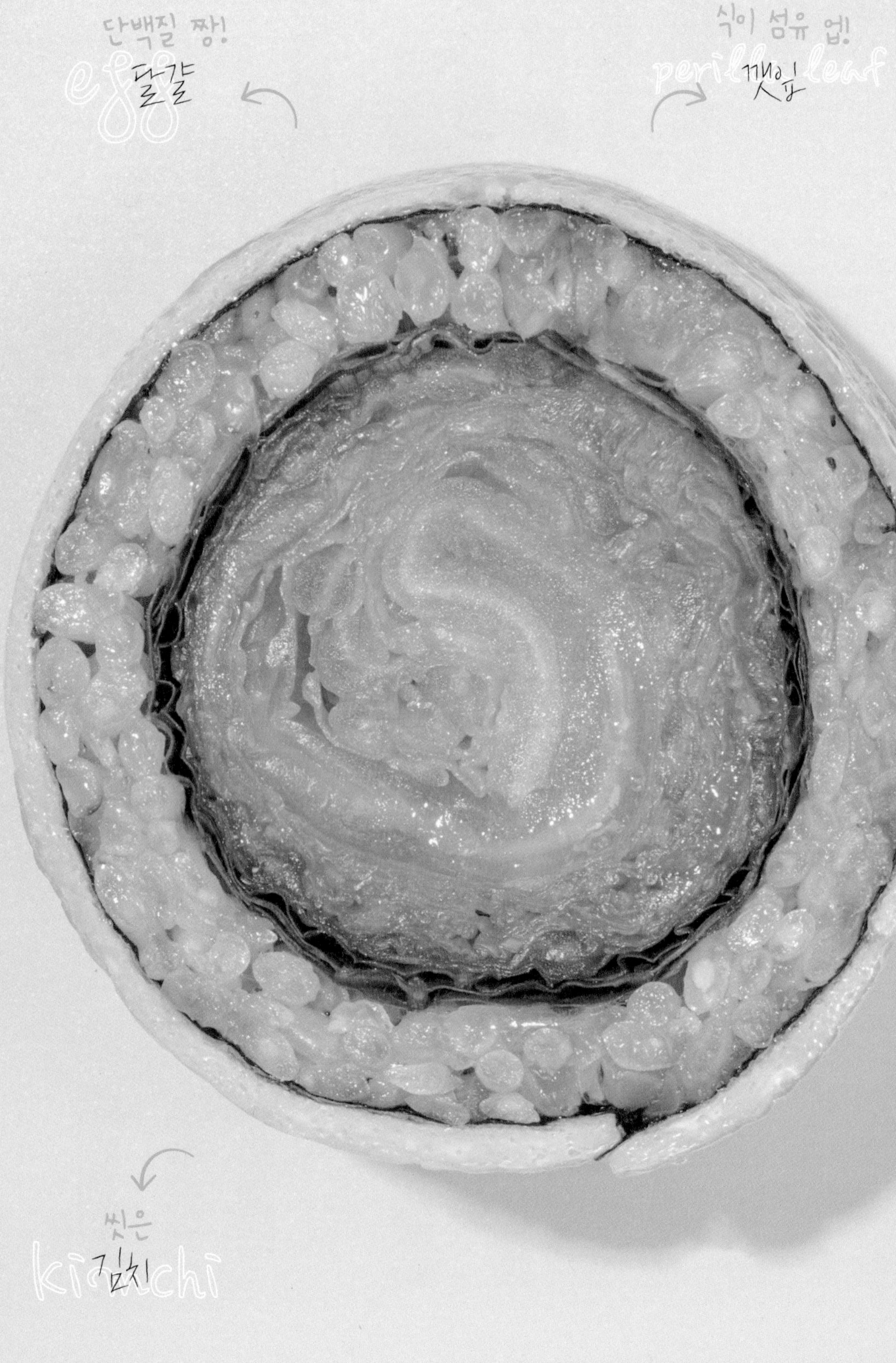
단백질 짱!
egg
달걀
식이 섬유 업!
perilla leaf
깻잎
씻은
kimchi
김치

김이 붙은 달걀 김밥

재료 ☑ 김 1장 ☐ 달걀 3개 ☐ 현미밥 ½공기 ☐ 깻잎 5장 ☐ 씻은 김치 3줄 ☐ 올리브유 1스푼

다이어트 김밥 하면 가장 먼저 떠오르는 것은 달걀 지단을 넣은 단백질 가득 달걀 김밥이죠. 그렇지만 지단을 부쳐 얇게 잘라 준비하는 게 너무 귀찮잖아요. 달걀과 김을 아예 붙여버리면 뒤집으면서 지단이 찢어지지 않을까 걱정하지 않아도 되고, 충분히 식혀 자를 필요도 없어요. 매우 쉽고 간단하게 달걀 김밥을 만들 수 있는 저만의 시그너처 비법이랍니다.

☐ EASY ☐ MEDIUM ☐ HARD	소요 시간 15 min	for 초보 다이어터	약 2,000원	−18kg 감량 때 도움받은 재료

재료특징	레시피특징
▶ 달걀은 대표적인 고단백 식재료입니다. ▶ 김은 해조류 중 단백질을 풍부하게 함유한 식재료예요. ▶ 냉장고 가득 자리 잡고 있는 김치를 다이어트 식재료로 다양하게 활용할 수 있어요.	▶ 냉장 보관 밀프렙이 가능해요. ▶ 현비밥은 약간 질게 지어 준비해주세요.

① 달걀 3개를 푼다.

② 팬에 올리브유 1스푼을 두르고 ①을 부어 중약불에서 익힌다.

③ 달걀 밑면이 어느 정도 익었을 때 김을 1장 올린 후 뒤집개로 살짝 누르며 익힌다.

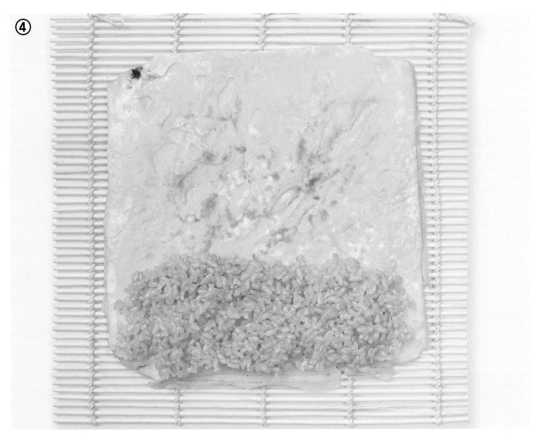

④ 다 익은 ③을 김발 위로 옮기고, 현미밥 ½공기를 올려 앞부분에 넓게 펴준다.

⑤

④에 깻잎 3장과 씻은 김치 2줄을 올린 후 그 위에 다시 깻잎 2장과 씻은 김치 1줄을 올린다.

⑥

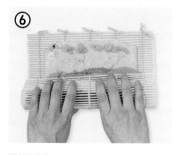

돌돌 만다.
김 끝부분에 남은 밥풀을 붙이면 더 잘
말려요.

⑦

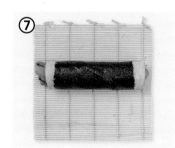

완성!

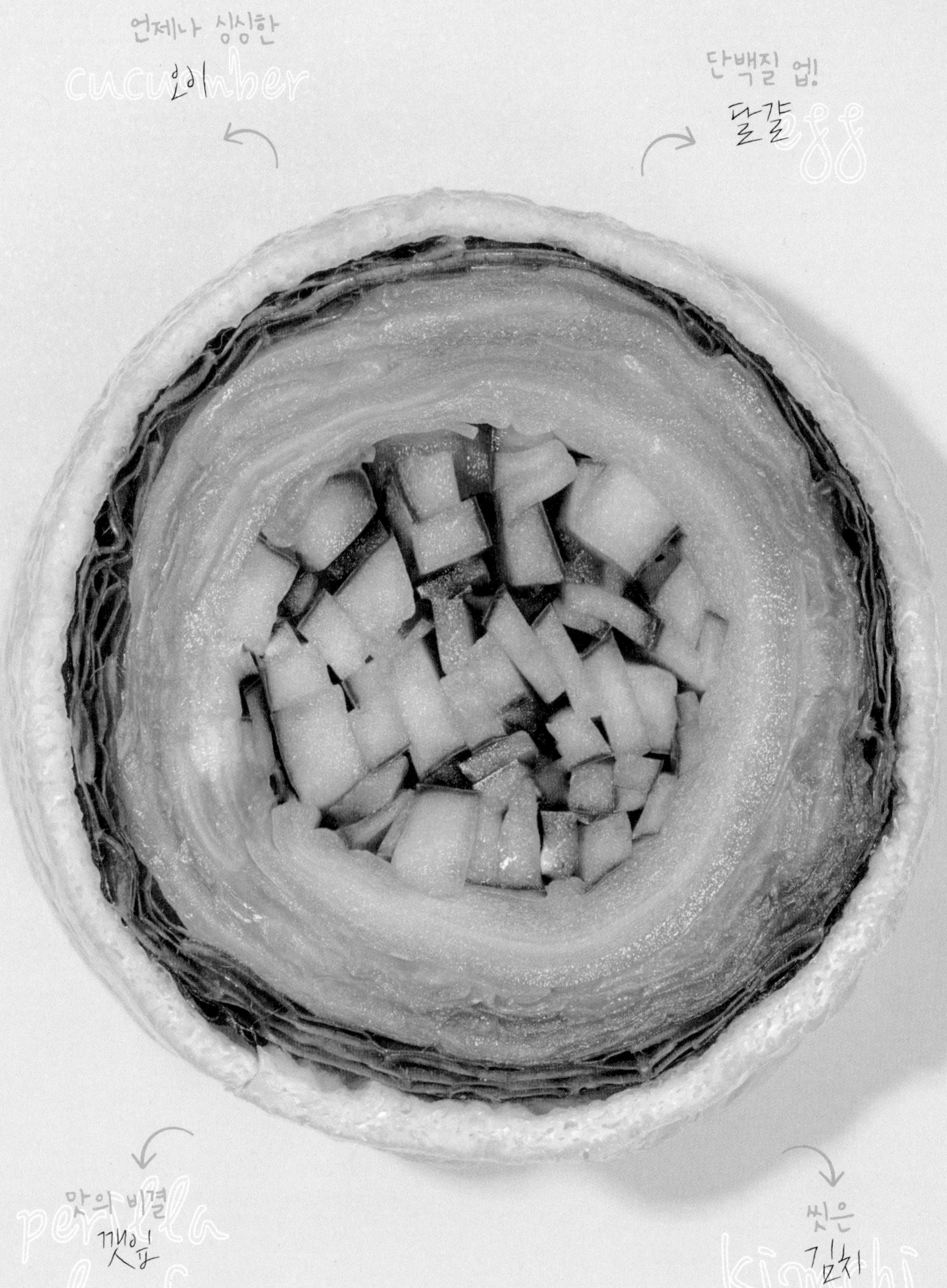

언제나 싱싱한
cucu오이mber

단백질 업!
달걀egg

맛의 비결
깻잎
perilla
leaf

씻은
김치
kimchi

32

Weight Loss

−18kg

상큼싱싱 오이 김밥

재료 ☑김 1장 ☐오이 1개 ☐달걀 2개 ☐굵은소금 ⅓스푼 ☐깻잎 6장 ☐씻은 김치 3줄 ☐
올리브유 1스푼

오이는 호불호가 강한 식재료지만 사계절 내내 언제든 쉽게 구할 수 있어 어떤 요리에든 사용할 수 있습니다. 특히 여름에 가장 싱싱한 오이를 제일 저렴하게 구할 수 있죠. 100g당 9kcal밖에 되지 않기 때문에 오이로 '초'저칼로리 김밥을 만들 수 있답니다. 칼로리도 칼로리지만 맛도 좋아서 한번 만들어 먹어보면 매일 생각날 정도로 오이 김밥의 매력에 푹 빠질 거예요.

☐ EASY ☐ MEDIUM ☐ HARD	소요 시간 15 min	for 초보 다이어터	약 1,500원	−18kg 감량 때 도움받은 재료

재료특징	레시피특징
▶ 오이는 95%의 수분을 함유하고 있습니다. 오이에 부족한 단백질은 달걀과 김으로 채워주세요. ▶ 오이와 깻잎에는 나트륨을 배출하는 데 도움을 주는 칼륨이 풍부합니다.	▶ 백다다기오이, 취청오이 등 종류에 상관없이 취향에 맞는 오이를 선택해 만드세요. ▶ 오이를 소금에 절일 때 너무 오랫동안 두지 마세요. 금방 절여지기 때문에 몇 번 주무른 후 바로 김밥을 만드는 것이 좋아요.

33

① 오이 1개를 채칼로 얇게 썬다.

② 볼에 ①과 굵은소금 ⅓스푼을 넣고 주무른 후 물기를 뺀다.

③ 달걀 2개를 푼다.

④ 팬에 올리브유 1스푼을 두르고 달걀물을 부어 중약불에서 익힌다.

⑤ 달걀 밑면이 어느 정도 익으면 그 위에 김을 1장 올린 후 뒤집개로 살짝 누르며 익힌다.

⑥

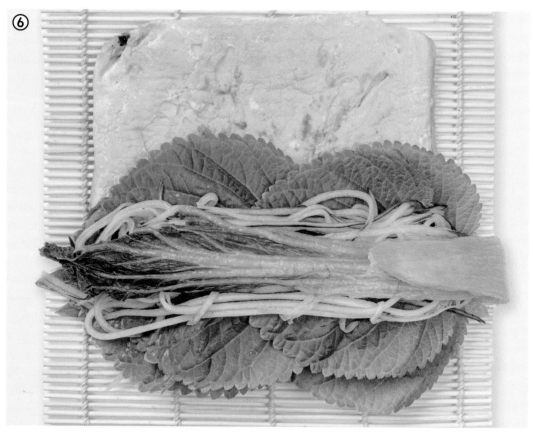

다 익은 ⑤를 김발 위로 옮기고, 깻잎 2장과 오이 적당량, 씻은 김치 1줄을 올린다. 이 과정을 두 번 더 반복한다.

⑦

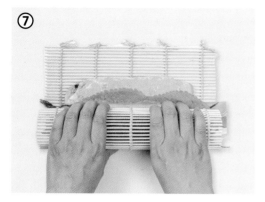

돌돌 만다.

⑧

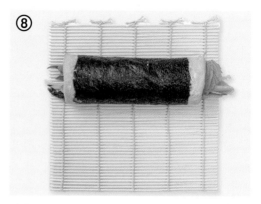

완성!

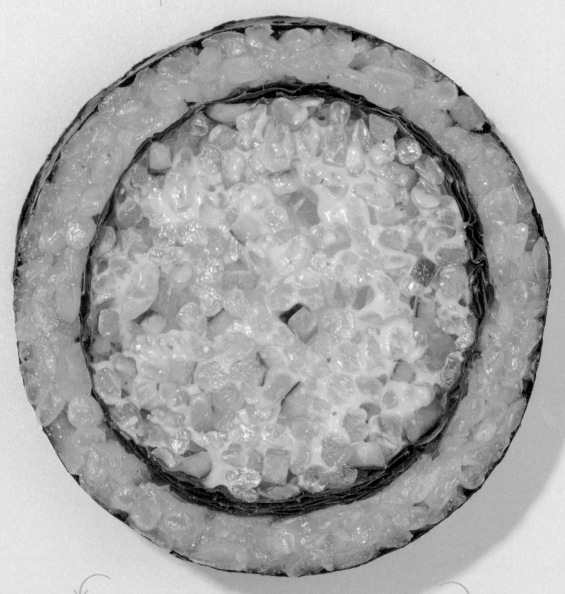

오독오독
cheo천사채chae

아삭아삭
cucu오이mber

알록달록
당근carrot

신선한
perill깻잎leaf

머스터드 샐러드 김밥

재료 ☑김 1장 ☐현미밥 ½공기 ☐천사채 150g ☐오이 ⅓개 ☐당근 ⅓개 ☐깻잎 2장 ☐
저칼로리 마요네즈 ½스푼 ☐옐로 머스터드 1스푼 ☐프락토 올리고당 1스푼 ☐식초 ⅓스푼

다이어터가 되면서 생긴 즐거운 취미, 마트 쇼핑. 다양한 채소를 구경
하며 그동안 별로 친하게 지내지 않았던 새로운 식재료를 발견하는 재
미가 있습니다. 그러다 발견한 '천사채'. 회 접시 위 투명하고 구불구불
한 장식용 재료로만 생각하던 천사채가 이렇게나 저칼로리에 식이 섬
유까지 풍부한 '착한' 식재료인지 몰랐어요. 다이어터가 되면서 가장 좋
아하게 된 식재료를 하나 꼽으라면 저는 단연 천사채입니다. 분명 여러
분에게도 베스트 식재료가 될 거예요.

☐ EASY ☐ MEDIUM ☐ HARD	소요 시간 20 min	for 초보 다이어터	약 2,000원	−18kg 감량 때 도움받은 재료

재료특징	레시피특징
▶ 천사채는 다시마 등 해조류 추출물로 제조한 저칼로리 식품이에요. (1kg당 60kcal). ▶ 다이어터들의 냉장고 지킴이 옐로 머스터드. 0kcal라고 적혀 있지 만 물처럼 순수한 0kcal는 아니에요.	▶ 새콤한 맛을 좋아하지 않는 분들은 식초를 빼주세요.

① 천사채 150g을 물에 씻어 물기를 턴다.

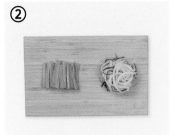

② 오이 ⅓개와 당근 ⅓개를 채 썬다.

③ 볼에 ①과 ②를 담고 마요네즈 ½스푼, 옐로 머스터드 1스푼, 프락토 올리고당 1스푼, 식초 ⅓스푼을 넣고 비빈다.

④ 김발에 김을 올리고 그 위에 밥을 펼친다.

⑤

④ 위에 깻잎 2장을 올리고 ③을 길게 올린다.

⑥

김밥을 만다.

⑦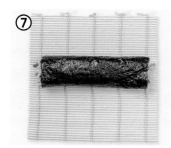

완성!

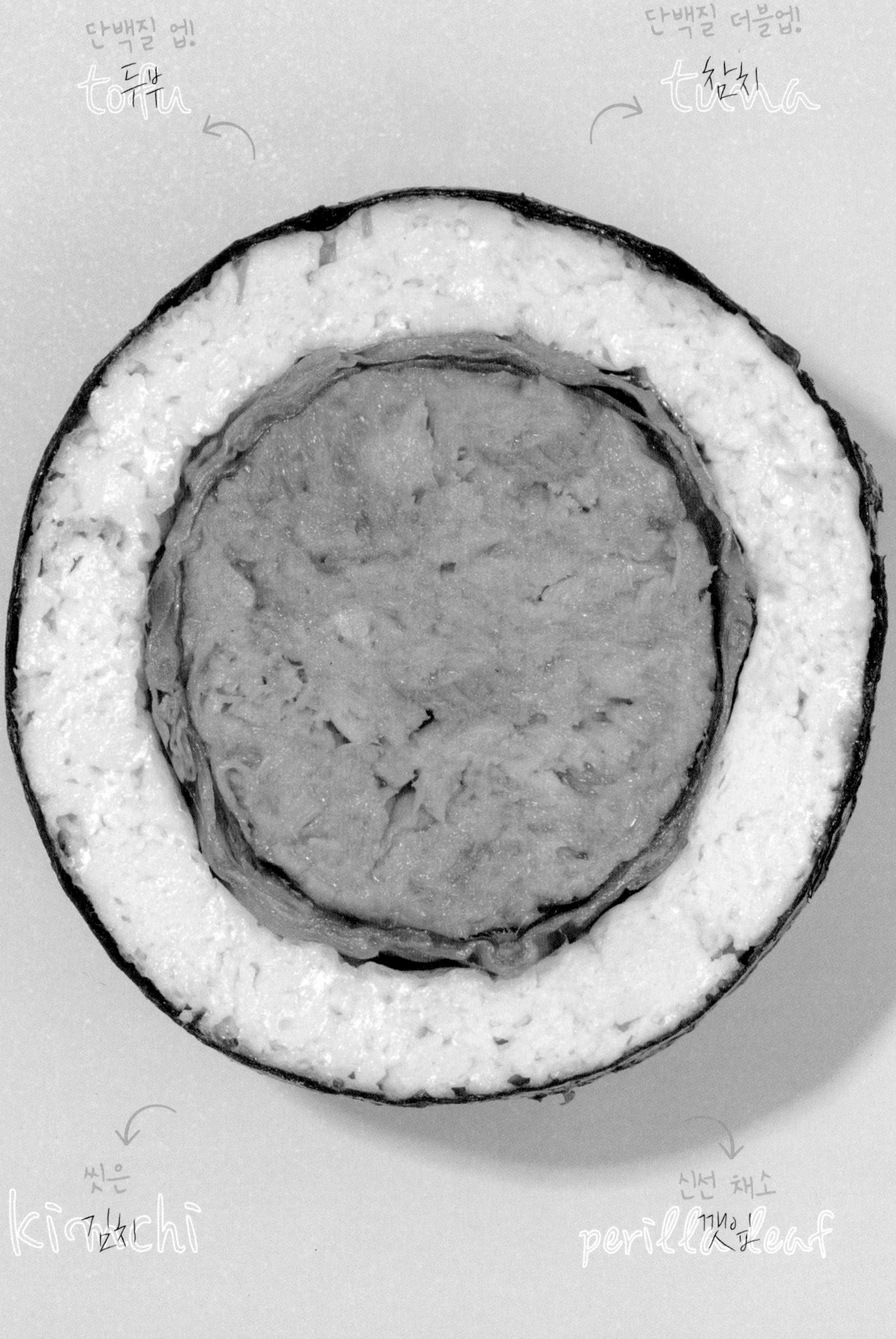

단백질 업!
tofu
두부

단백질 더블업!
tuna
참치

씻은
kimchi
김치

신선 채소
perilla leaf
깻잎

40

고슬고슬 두부밥 참치 김밥

재료 ☑김 1장 ☐두부 ½모 ☐참치 1캔(100g) ☐씻은 김치 1줄 ☐깻잎 5장 ☐소금 1티스푼
☐후춧가루 약간

"저 다이어트 식단 만들어 먹어요"라고 했을 때 가장 먼저 들은 얘기는
"우아, 요리 잘하나 봐요"였어요. 아닙니다, 전 요리를 잘하지 못해요.
아무리 쉬운 요리라고 해도 언제나 망쳐버리기 일쑤였죠. 특히 힘들었
던 건 두부 요리. 남들은 면보에 두부를 넣고 물기 짜는 게 그리도 쉽다
는데, 왜 저한테는 어려울까요? 빨아도 빨아도 면보에 두부가 남아 있
어 한번 하고 나면 설거지 지옥에 갇혀버리곤 했죠. 이 김밥은 그런 경
험에서 나온 김밥입니다. '면보로 두부를 짜지 않고 더 쉽고 간단하게
물기를 뺄 수 있는 방법은 없을까' 하는 고민의 해답 같은 김밥이죠.

☐ EASY ☐ MEDIUM ☐ HARD	소요 시간 20 min	for 프로 다이어터	약 2,900원	−18kg 감량 때 도움받은 재료

재료특징	레시피특징
▶ 두부는 찌개용 두부와 부침용 모두 괜찮아요.	▶ 조금 더 담백한 맛을 원한다면 두부와 참치를 채반에 올려 뜨거운 물을 한 번씩 부은 후 요리해보세요. 간수와 기름기를 뺄 수 있어요. ▶ 스리라차 소스에 찍어 먹으면 더욱 맛있어요.

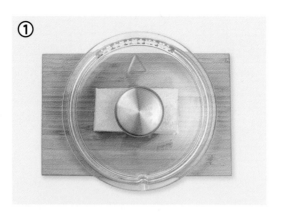

두부 ½모를 전자레인지에 1분간 돌린 후, 10분간 무거운 냄비 뚜껑을 올려 물기를 뺀다.

기름을 두르지 않은 팬에 ①을 올리고 중간 불에서 두부를 으깨면서 수분을 날리며 볶다가 소금 1티스푼과 후춧가루 약간으로 간한 후 불을 끄고 살짝 식힌다.

김발 위에 김을 올리고 그 위에 두부를 펼친다.

④

③ 위에 깻잎 5장을 올리고 참치 1캔을 길게 올린 후 양념을 씻어낸 김치를 1줄 올린다.

⑤

김밥을 만다.

⑥

완성!

수분 풍부 짱!
lettuce 상추

수분 더블업!
cucumber 오이

단백질 업!
egg 달걀

고소한 풍미!
cheese 치즈

베리프레시 상추 김밥

재료 ☑ 김 1장 ☐ 현미밥 ½공기 ☐ 청상추 4장 ☐ 오이 ½개 ☐ 달걀 1개 ☐ 치즈 2장 ☐ 스리라차 소스 1스푼 ☐ 올리브유 1스푼

예전엔 "상추 하면 어떤 것이 떠오르나요?"라고 물어보면 고민도 없이 단번에 "삼겹살이요"라고 대답하곤 했습니다. 하지만 이제는 "상추도 종류가 참 많죠. 청상추는 신선해서 맛있고, 적상추는 아삭한 맛이 좋고, 꽃상추는 보기만 해도 포만감이 느껴지고, 로메인은…"이라고 대답합니다. 예전에는 고기 맛을 살려주는 단순한 도구였지만, 이제 저에게 상추는 훌륭한 메인 식재료입니다. 다이어터가 되면서 만난 또 다른 베스트 프렌드, 상추. 이번에는 바로 그 상추를 이용해 수분이 풍부한 다이어트 김밥을 만들어볼게요.

☐ EASY ☐ MEDIUM ☐ HARD	소요 시간 10 min	for 초보 다이어터	약 1,500원	−18kg 감량 때 도움받은 재료

재료특징	레시피특징
▶ 청상추는 맛이 가장 순해 다른 식재료들과 잘 어울리고 수분까지 풍부합니다. ▶ 청상추를 고를 땐 끝부분이 투명하고 녹색을 띠는 것을 고르세요. ▶ 치즈를 구매할 땐 '자연 치즈', '자연 100%', '원재료 원유 또는 우유'라고 적혀 있는지 반드시 확인하세요.	▶ 요리하기 전에 청상추와 오이를 미리 손질하면 더 편해요. 청상추는 딱딱한 끝부분을 잘라서 준비하고 오이는 길게 채 썰어 준비하세요. ▶ 달걀 지단을 부칠 때는 네모난 김과 비슷한 크기의 사각 팬을 사용하면 더 쉽고 간단하게 요리할 수 있어요.

① 오이 ½개를 채 썬다.

② 달걀 1개를 푼 후 팬에 올리브유 1스푼을 두르고 달걀물을 올려 중약불에서 지단을 부친 후 불을 끄고 잠시 식힌다.

③ 현미밥 ½공기에 스리라차 소스 1스푼을 넣고 비빈다.

④ 김발에 김을 올리고 그 위에 ③을 펼쳐 올린다.

⑤

④ 위에 식혀놓은 달걀 지단을 자르지 않고 통으로 올린 후 청상추 4장과 치즈 2장, 채 썬 오이를 차례대로 올린다.

⑥

김밥을 만다.

⑦

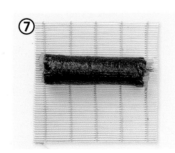

완성!

Weight Loss

−18kg

구운두부김밥

재료 ☑김 1장 ☐현미밥 ½공기 ☐두부 ⅓모 ☐오이고추 1개 ☐양파 적당량 ☐달걀 1개 ☐ 간장 2스푼 ☐식초 1스푼 ☐프락토 올리고당 ⅔스푼 ☐올리브유 ½스푼

단맛이나 짠맛 외에도 다이어터가 되면 느낄 수 있는 미각이 있더라고 요. 바로 바로 바로 '신선한 맛'! 깨끗이 씻은 싱싱한 오이고추나 양상 추를 냉장고에 보관했다가 배고플 때마다 꺼내서 한입 베어 물어보세 요. 아삭 소리와 함께 입안에 퍼지는 청량한 맛은 오직 다이어터만이 느낄 수 있는 '선물 받은 미각'이랍니다. 자신에게 집중하며 건강한 식 단을 먹는 사람만이 알 수 있는 맛이죠. 이 신선함을 가득 담은 다이어 트 김밥을 알려드릴게요. 아직 신선한 맛을 제대로 느껴보지 못한 분도 맘껏 즐길 수 있는 맛있는 김밥입니다.

☐ EASY ☐ MEDIUM ☐ HARD	소요 시간 25 min	for 초보 다이어터	약 1,700원	−18kg 감량 때 도움받은 재료

재료특징	레시피특징
▶ 일반적인 달걀 간장 비빔밥과 달리 식초가 들어가는 다소 생소한 레 시피예요. 그렇지만 일단 만들어 먹어보면 "어? 왜 맛있지? 그래, 이 맛이야!"라고 할 거예요. 그만큼 중독성이 강한 김밥입니다.	▶ 고온의 공기로 가열하는 에어프라이어에 두부를 구우면 수분이 빠 져 두부의 쫄깃한 식감을 배가하기 때문에 새로운 식감으로 즐길 수 있어요.

 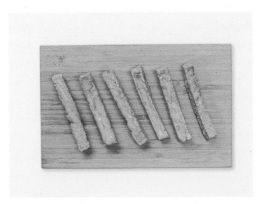

두부 ⅓모를 길게 잘라 에어프라이어에 180℃로 15분 동안 굽는다. 에어프라이어가 없다면 두부를 잘라 전자레인지에 1분간 돌린 후, 냄비 뚜껑을 올려 물기를 빼고 팬에 기름 없이 약한 불로 구우세요.

양파는 채칼로 얇게 썰고, 오이고추는 꼭지를 따 준비한다.

팬에 올리브유 ½스푼을 두르고 달걀 1개를 깨뜨려 프라이를 만든다. 이때 노른자는 살짝만 익힌다.

볼에 ③과 채 썬 양파, 현미밥 ½공기를 넣고 간장 2스푼, 식초 1스푼, 프락토 올리고당 ⅔스푼을 넣어 비빈다. 프라이는 으깨주세요.

김발에 김을 올리고 ④를 올린다.

⑥

⑤에 구운 두부와 오이고추를 올린다.

⑦

김밥을 만다.

⑧

완성!

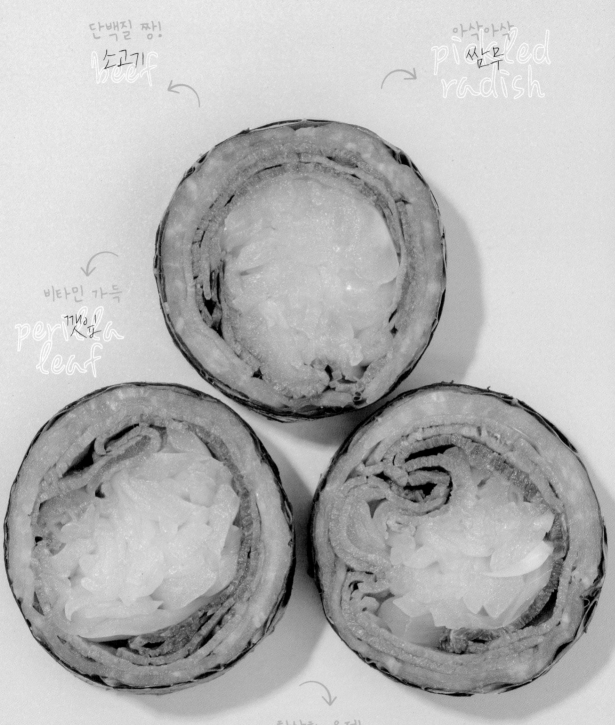

단백질 짱!
소고기
beef

아삭아삭
쌈무
pickled
radish

비타인 가득
깻잎
perilla
leaf

항산화 요정!
양파
onion

소고기 꼬마 김밥

재료 ☑ 김 2장 ☐ 소고기 200g ☐ 쌈무 8장 ☐ 깻잎 8장 ☐ 양파 ½개 ☐ 스리라차 소스 약간

꼬마 김밥은 김을 잘라 돌돌 말기 때문에 통으로 김밥을 싸는 일반 김밥보다 만들기가 더 쉬워요. 게다가 일반 김밥에는 넣기 어려운 재료도 다양하게 넣을 수 있어 다이어트하면서 영양적으로, 기호적으로 부족했던 부분을 맘껏 채울 수 있어요. 이번에는 쌈무와 깻잎, 소고기를 맘껏 넣어 먹어보세요. 다이어트하면서 고기쌈 맛을 이렇게 실컷 느껴도 되나 싶을 정도로 늘 맛있게 먹던 바로 그 '아는 맛'을 즐길 수 있는 레시피입니다.

☐ EASY ☐ MEDIUM ☐ HARD	소요 시간 10 min	for 프로 다이어터	약 4,500원	−18kg 감량 때 도움받은 재료

재료특징	레시피특징
▶ 샤부샤부 고기처럼 얇은 고기로 준비해주세요. 냉동도 괜찮아요.	▶ 기호에 따라 무쌈 양을 ½로 줄여도 좋아요. ▶ 소고기는 볶는 것보다 삶아서 조리하는 편이 기름기를 줄여주고 고기 본연의 풍미를 더 올려줍니다.

① 끓는 물에 소고기 200g을 넣어 익힌다.

② 삶은 소고기의 지방을 뗀다.

③ 양파 ½개를 얇게 썬다.

김을 4등분해 김발 위에 올린다.

⑤

④ 위에 깻잎 1장과 쌈무 1장을 올린 다음 삶은 소고기 25g과 얇게 썬 양파 적당량을 차례대로 올린다.

⑥

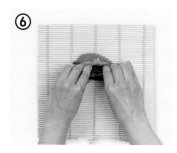

돌돌 만다.

⑦

완성! 동일한 방법으로 7개 더 만든다.

스리라차 소스에 찍어 드세요.

단백질 업!
chi 닭가슴살

단백질 더블업!
달걀

쫄깃쫄깃
mushroom

단백질 가득 꼬마 김밥

재료 ☑김 1장 ☐버섯 75g ☐닭 가슴살 100g ☐달걀 2개 ☐다진 마늘 약간 ☐소금 약간 ☐
후춧가루 약간 ☐스리라차 소스 약간 ☐올리브유 1스푼

원래 치킨을 먹을 때 제일 좋아하는 부위가 가슴살인데, 식단으로 먹으려고 하면 특유의 냄새 때문에 거부감이 들어 먹지 못했어요. 튀겼을 때 나지 않는 냄새가 삶으면 유독 심하게 느껴지더라고요. 저처럼 닭 가슴살 냄새 때문에 고생하는 다이어터가 꽤 많을 거라고 생각합니다. 그렇다고 100g당 약 23g의 단백질을 함유한 닭 가슴살을 안 먹을 수는 없는 노릇이죠. 이 레시피는 바로 이런 경험과 고민에서 탄생했어요. 내가 맛있게 먹을 수 있는 닭 가슴살 김밥을 만들자는 생각으로 시도해 봤죠.

☐ EASY ☐ MEDIUM ☐ HARD	소요 시간 15 min	for 초보 다이어터	약 2,000원	−18kg 감량 때 도움받은 재료

재료특징	레시피특징
▶ 버섯은 팽이버섯, 새송이버섯, 느타리버섯 등 다양한 종류만큼이나 영양소도 각각 다양하게 함유돼 있어요. 어떤 버섯으로 만들어도 다이어터에게 필요한 영양소가 듬뿍 들어 있으니 취향대로 골라보세요. 어떤 버섯으로 만들든 '맛있어요, 살 빠져요!' 김밥입니다.	▶ 김과 달걀을 그냥 붙여버리는 초간단 레시피예요. ▶ 닭 가슴살을 쪄서 사용할 경우 깻잎을 깔고 덮듯 위아래로 넣어주면 냄새를 잡을 수 있어요.

삶은 닭 가슴살 100g을 찢어 팬에 올린 후, 기름을 두르지 않고 후춧가루를 약간 넣어 볶는다.

버섯 75g을 잘게 다진다.

볼에 달걀 2개를 풀어 넣고 ②와 다진 마늘 약간, 소금 약간을 넣고 섞는다.

달군 팬에 올리브유 1스푼을 두르고 ③을 반만 올려 살짝 익히다가 김 ½장을 붙여 마저 익힌다.

⑤

김발 위에 ④를 김이 위로 가게 해서 올리고, 그 위에 ①의 반을 올린 후 스리라차 소스를 약간 뿌린다.

⑥

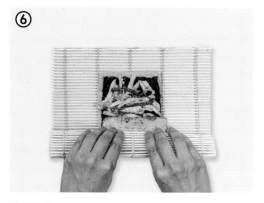

돌돌 만다.

⑦

완성! ④~⑥의 과정을 반복해 김밥을 하나 더 만든다.

DIET
삼각 김밥

PART 02

꼬독꼬독
cheonsachae
천사채

영양 가득
carrot
당근

항산화 요정
onion
양파

62

오독오독 잡채 삼각 김밥

재료 ☑김 ¼장 ☐현미밥 ⅓공기 ☐천사채 100g ☐당근 ¼개 ☐양파 ¼개 ☐간장 2스푼 ☐
프락토 올리고당 1스푼 ☐들기름 ½스푼 ☐통깨 약간 ☐물 100㎖

천사채는 다시마 등 해조류 추출물로 만든 저칼로리 식품입니다. 천사채 하면 대부분의 다이어터는 가장 먼저 '천사채 잡채' 레시피를 떠올릴 거예요. 그만큼 낮은 칼로리와 오독오독한 식감으로 많은 인기를 끌고 있습니다. 천사채로 잡채를 만들려면 꼭 거쳐야 하는 단계가 있죠. 식소다를 이용해 천사채를 당면처럼 불리는 과정입니다. 은근히 귀찮은 이 과정을 과감히 생략하고도 잡채 특유의 식감을 그대로 살리는 방법을 소개하려고 합니다. 정말 편하고 맛있는 레시피가 되겠죠?

| ☐ EASY
☐ MEDIUM
☐ HARD | 소요 시간 20 min | for 초보 다이어터 | 약 1,500원 | −18kg 감량 때
도움받은 재료 |

재료특징	레시피특징
▶ 천사채는 조리법에 따라 식감이 달라지는 식재료예요. 가열하지 않고 샐러드로 먹을 땐 꼬독꼬독한 식감으로, 잡채로 만들어 먹을 땐 당면처럼 탱탱한 식감으로 즐길 수 있어요.	▶ 고춧가루를 추가하면 매콤한 잡채밥으로 만들 수 있어요. ▶ 당근, 양파 외에 좋아하는 채소를 듬뿍 넣어보세요. 일명 '냉장고 털이' 채소를 넣어도 좋아요.

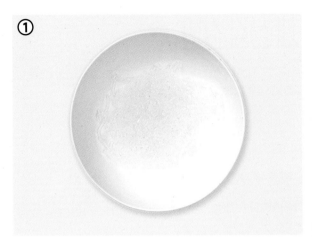

천사채 100g을 물에 씻어 가위로 자른다.

당근 ¼개와 양파 ¼개를 채 썰어 팬에 넣고 기름 없이 볶는다.

②가 살짝 익었을 때 ①을 넣고 물 100㎖를 넣는다.

③에 간장 2스푼, 프락토 올리고당 1스푼을 넣고 젓가락으로 휘저으며 천사채가 돌돌 잘 말릴 때까지 약한 불에서 10분간 더 조린다.

완성된 천사채 잡채를 건더기만 건져 볼에 옮긴 후 현미밥 ⅓공기, 들기름 ½스푼, 통깨 약간을 넣고 비빈다.

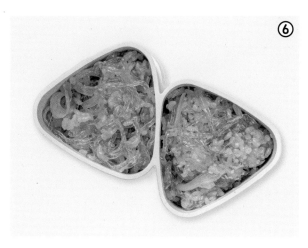

삼각 김밥 틀에 ⑤를 적당량 넣고 꾹 누른다. 같은 방법으로 하나 더 만든 후, 각각 아랫부분에 김을 붙여 완성한다.

칼로리 다운!
돼지고기
뒷다리살
pork

아삭아삭
오이고추
pepper

수분 업!
cucumber
오이

로팻 돼지고기 삼각 김밥

재료 ☑ 김 ½장 ☐ 현미밥 ½공기 ☐ 돼지고기 뒷다리살 150g ☐ 오이고추 1개 ☐ 오이 ⅓개 ☐ 스리라차 소스 2스푼 ☐ 들기름 ½스푼 ☐ 올리브유 ½스푼

다이어터가 되기 전에는 돼지고기를 부위보다 메뉴로 접근했어요. 어느 부위가 지방이 적고 단백질이 많은지보다는 어떤 메뉴가 맛있나 하는 걸 먼저 신경 썼어요. 예를 들어 "돼지고기 하면 가장 먼저 어떤 부위가 떠오르나요?"라는 질문에 당연하다는 듯이 "삼겹살과 족발이요"라고 대답하곤 했죠. 하지만 다이어터가 된 지금은 메뉴가 아니라 부위에 집중합니다. 이제는 "돼지고기 하면 역시 지방이 적은 뒷다리살이 최고죠"라고 대답해요. 식재료 하나하나에 집중하고 공부하면서 내 몸에 가장 잘 맞는 음식을 찾는 과정이 다이어트가 아닐까요?

☐ EASY ☐ MEDIUM ☐ HARD	소요 시간 20 min	for 초보 다이어터	약 2,500원	−18kg 감량 때 도움받은 재료

재료특징	레시피특징
▶ 뒷다리살은 지방이 적어 다른 부위에 비해 칼로리가 낮은 한편, 상대적으로 가격까지 저렴해 '가성비 다이어트'를 할 때 즐겨 먹기 좋은 부위입니다. ▶ 매운 것을 좋아하는 분들은 오이고추 대신 청양고추를 넣는 것도 좋아요.	▶ 채소 다지기를 이용해 채소를 다지면 훨씬 간편하게 만들 수 있어요.

오이고추 1개와 오이 ⅓개를 각각 채소 다지기에 넣고 다진다.

팬에 올리브유 ½스푼을 두르고 잘게 자른 돼지고기 뒷다리살 150g과 오이고추를 넣고 약한 불에서 볶는다.

②가 다 익으면 스리라차 소스 2스푼을 넣고 조금 더 볶는다.

볼에 현미밥 ½공기와 들기름 ½스푼, 다진 오이를 넣고 비빈다.

⑤

삼각 김밥 틀에 ④를 적당량 넣은 후 볶은 돼지고기의 반을 올린 다음 다시 ④의 밥으로 덮어 틀로 누른 후 김으로 테두리를 감싼다.
같은 방법으로 하나 더 만든다.

쫄깃쫄깃
dried 진미채 squid

오독오독
al아몬드nd

짭짤고소 진미채 삼각 김밥

재료 ☑김 ½+¼장 ☐현미밥 ½공기 ☐진미채 1주먹 ☐아몬드 6알 ☐술 1스푼 ☐간장 2스푼
☐프락토 올리고당 1스푼 ☐들기름 ½스푼

다이어터가 되기 전 가장 좋아하는 반찬 중 하나가 진미채였어요. 그런데 진미채조림에 기름과 양념이 그렇게 많이 들어가는지 몰랐습니다. 진미채 자체도 오징어에 설탕과 소금 등을 첨가해 건조한 가공식품인데, 그걸 다시 엄청난 양의 기름으로 볶아 온갖 양념으로 버무리죠. 도저히 다이어트하는 동안 먹을 수 있는 반찬이 아니었어요. 하지만 너무 좋아하는 반찬인 만큼 먹고 싶다는 생각을 멈출 수 없었죠. 그래서 고민을 거듭한 끝에 저만의 다이어트용 진미채조림을 만들게 되었어요. 이번엔 진미채조림을 이용한 김밥 레시피를 소개해드릴게요. 맛도 있어서 다이어트를 꾸준히 지속하는 데 큰 도움이 된답니다.

| ☐ EASY
☐ MEDIUM
☐ HARD | 소요 시간 45 min
(진미채 불리는 시간 30 min
+김밥 조리 시간 15 min) | for 프로 다이어터 | 약 4,000원 | −18kg 감량 때
도움받은 재료 |

재료특징	레시피특징
▶ 진미채는 홍진미와 백진미로 나뉘는데, 홍진미는 오징어의 껍질을 벗기지 않고 만들어 색이 붉고, 백진미는 오징어의 껍질을 완전히 제거해서 만들기 때문에 흰색이에요. 기호에 따라 선택하세요. ▶ 아몬드에는 진미채에 부족한 리놀산과 비타민 E가 다량 함유돼 있어 함께 먹으면 더 좋아요.	▶ 술은 맥주, 화이트 와인, 소주 모두 괜찮아요. 많은 양을 사용하는 게 아니니 평소에 마시다가 남은 술을 부담 없이 이용해보세요. 술 대신 맛술을 넣으면 단맛이 더 강해지므로 프락토 올리고당의 양을 줄이세요.

진미채 1주먹을 먹기 좋게 잘라 물에 30분간 불린다.

기름을 두르지 않은 팬에 불린 진미채를 올려 볶다가, 진미채의 색
이 진해지면 술 1스푼, 간장 2스푼, 프락토 올리고당 1스푼을 넣고
볶는다.

채소 다지기를 이용해 아몬드 6알은 최대한 고운 가루로 만들고,
김 ½장은 잘게 찢어 준비한다. 채소 다지기가 없을 경우 아몬드는
너무 크지 않은 크기로 칼로 다지세요.

볼에 ③과 현미밥 ½공기, 들기름 ½스푼을 넣고 비빈다.

⑤

삼각 김밥 틀에 ④를 적당량 넣고 ②의 반을 올린 후 다시 남은 밥을 올려 틀로 눌러준다. 그런 후에 김을 작게 찢어 김밥 아랫부분에 붙여 완성한다. 같은 방법으로 하나 더 만든다.

단백질 업!
tuna 참치

식이 섬유 업!
cabbage 양배추

단백질 더블업!
달걀

74

참치 가득 삼각 김밥

재료 ☑김 ½장 ☐현미밥 ½공기 ☐참치 50g ☐양배추 적당량 ☐달걀 1개 ☐들기름 ½스푼
☐소금 약간 ☐후춧가루 약간 ☐올리브유 1스푼

참치 통조림은 어떻게 만들까요? 참치 통조림은 가다랑어와 황다랑어를 어획하자마자 영하 50℃ 이하로 급랭한 뒤 1~4시간 쪄서 만든다고 합니다. 그럼 참치 캔 속 기름은 참치에서 나온 기름일까요? 아닙니다. 이 기름은 내용물이 산화되는 것을 방지하기 위한 것으로, 일상에서 많이 사용하는 카놀라유, 포도씨유, 올리브유 같은 식물성 식용 기름을 사용한다고 합니다. 다이어터가 되기 위해선 내 입에 들어가는 마지막 식재료 하나까지 공부해야 한다는 거 잊지 마세요! 그럼 이번엔 열심히 공부한 고단백 식품 참치로 든든하고 맛있는 김밥을 만드는 저만의 비법 레시피를 공개할게요. 조금만 먹어도 속이 든든하답니다.

☐ EASY ☑ MEDIUM ☐ HARD	소요 시간 10 min	for 초보 다이어터	약 1,700원	−18kg 감량 때 도움받은 재료

재료 특징	레시피 특징
▶ 기름기를 더 완벽하게 제거하고 싶다면 거름망을 이용해보세요. 참치를 거름망에 올리고 뜨거운 물을 부으면 기름을 더 많이 제거할 수 있습니다.	▶ 양배추를 볶을 때는 중약불로 볶아주세요. 약한 불로 볶으면 양배추에서 물이 나와 아삭한 식감이 떨어집니다. ▶ 양배추는 볶아서 삼각 김밥 속에 넣을 거예요. 그러니 채소 다지기가 없다면 칼로 최대한 가늘고 잘게 잘라주세요.

채소 다지기로 양배추 적당량을 다진다.

팬에 올리브유 1스푼을 두른 후 양배추를 올리고 중약불로 볶다 양배추가 투명해지면 참치 50g과 달걀 1개를 넣고 같이 볶는다. 재료가 모두 익으면 후춧가루를 약간 뿌려 마무리한다.

볼에 현미밥 ½공기, 들기름 ½스푼, 소금 약간을 넣고 비빈다.

삼각 김밥 틀에 ③을 적당량 넣은 후 ②의 반을 올리고 다시 남은 밥으로 덮은 다음 틀로 누른다. 김으로 테두리를 감싸 마무리하고,
같은 방법으로 하나 더 만든다.

고소한 풍미!
string 치즈
스트링 치즈

항산화 효과
양파
onion

매콤
chili pepper
청양고추

아삭아삭
bell pepper
파프리카

매운 치즈밥 삼각 김밥

재료 ☑김 ½장 ☐현미밥 ½공기 ☐스트링 치즈 1개 ☐양파 ⅓개 ☐청양고추 ½개 ☐파프리카 ½개 ☐스리라차 소스 1+½스푼 ☐무설탕 케첩 1스푼 ☐소금 약간 ☐후춧가루 약간 ☐올리브유 1스푼

다이어트할 때는 왠지 멀리해야 할 것만 같은 편의점. 하지만 오히려 편의점에 '다이어트 추천템'이 은근히 많다는 사실, 알고 계신가요? 그 중 다이어트 좀 해본 분이라면 누구나 빼놓지 않고 추천하는 스트링 치즈는 대표적인 다이어트 인기 아이템이에요. 이번에는 이 스트링 치즈로 만드는 김밥을 소개하려고 해요. 치즈를 넣었으니 맛있는 건 당연지사. 평소 치즈를 좋아하는 분들께 필수템이 될 김밥입니다. 다이어트하는데 이렇게 맛있어도 되나 고민이 될 만큼 맛있는 김밥이에요. 늘 제가 외치는 "맛있어요, 살 빠져요!"가 생각나는 김밥이랍니다.

☐ EASY ☐ MEDIUM ☐ HARD	소요 시간 15 min	for 프로 다이어터	약 3,000원	−18kg 감량 때 도움받은 재료

재료특징	레시피특징
▶ 매콤한 것을 좋아하지 않는 분들은 청양고추 대신 양파와 파프리카 양을 늘리세요. 스리라차 소스도 매콤하니 취향에 따라 가감하세요.	▶ 소시지를 넣지 않았는데도 피자 맛이 나는 신기한 김밥이에요. ▶ 뜨거운 밥으로 만들어야 치즈가 녹으면서 밥과 잘 섞인답니다.

① 양파, 청양고추, 파프리카를 채소 다지기에 넣고 다진다.

② 팬에 올리브유 1스푼을 두르고 다진 채소를 넣고 볶다가 스리라차 소스 1+½스푼, 무설탕 케첩 1스푼, 소금 약간, 후춧가루 약간을 넣고 볶는다.

③ 스트링 치즈 1개를 잘게 찢는다.

④ 볼에 뜨거운 현미밥 ½공기와 찢어놓은 치즈를 넣고, 치즈를 녹이면서 잘 섞는다.

⑤

삼각 김밥 틀에 ④를 적당량 넣고 그 위에 ②의 반을 넣은 후 다시 남은 밥으로 덮어 틀로 누른다. 김을 길게 잘라 테두리를 감싸 마무리하고, 같은 방법으로 하나 더 만든다.

단백질 짱!
e달걀

달달한 맛!
o양파

풍미 업!
green피 onion

오독오독
car당근ot

82

달걀볶음밥 삼각 김밥

재료 ☑ 김 ¼장 ☐ 현미밥 ½공기 ☐ 달걀 2개 ☐ 냉장고 털이 채소 적당량(양파, 파, 당근 등 기호대로 양을 가감하세요) ☐ 소금 약간 ☐ 후춧가루 약간 ☐ 올리브유 1스푼

제가 좋아하는 삼각 김밥 레시피 중 하나로, 일명 '냉장고 털이의 왕좌' 입니다. 다이어트를 하다 보면 다양한 채소를 구매하게 되는데, 결국 다 먹지 못한 채소가 냉장고에 쌓일 때가 있죠. 특히 모양도 양도 애매해 그럴싸한 메뉴를 만들어 먹기 어려울 때가 많은데, 이 레시피는 바로 그럴 때 활용하면 좋아요. 달걀을 넣어 볶기 때문에 어떤 채소를 넣든 절대로 실패하지 않는답니다. 맛있게 다이어트하면서 냉장고까지 정리할 수 있는 일석이조 레시피! 역시 다이어트 요리의 기본은 '냉장고 털이'가 아닐까요?

☐ EASY ☐ MEDIUM ☐ HARD	소요 시간 10 min	for 초보 다이어터	약 1,500원	−18kg 감량 때 도움받은 재료

재료특징	레시피특징
▶ 냉장고에 잠들어 있는 채소라면 어떤 것이든 괜찮아요. ▶ 토마토를 넣으면 풍미를 더 끌어올릴 수 있어요. 달걀과 토마토를 함께 볶으면 이탈리아 요리 향이 난답니다.	▶ 볶는 과정이 많은 만큼 사용하는 기름의 양을 꼭 체크하세요. 양을 확인하지 않고 만들면 전체적으로 기름이 너무 많이 들어가 다이어트에 독이 될 수 있어요. 따라서 채소 볶을 때, 달걀 볶을 때, 밥 볶을 때 반드시 각각의 기름 양을 확실히 체크해 너무 많은 기름이 들어가지 않도록 조심해야 합니다.

① 채소 다지기로 양파, 파, 당근 등 냉장고 털이 채소를 다진다.

② 올리브유 1스푼을 두른 팬에 ①을 올려 중약불로 볶다가 익으면 달걀 2개를 넣고 같이 볶은 후 현미밥 ½공기와 소금 약간, 후춧가루 약간을 넣고 볶는다.

③

삼각 김밥 틀에 ②의 반을 가득 담고 틀로 누른 후 김을 작게 찢어 아래에 붙인다. 동일한 방법으로 하나 더 만든다.

맛 레벨업!
ki김치chi

달달한
on양파n

아삭아삭
bean콩나물routs

단백질 업!
pork돼지고기 뒷다리살

두루치기 삼각 김밥

재료 ☑ 김 ¼장 ☐ 현미밥 ½공기 ☐ 씻은 김치 2줄 ☐ 양파 적당량 ☐ 콩나물 50g ☐ 돼지고기 뒷다리살 100g ☐ 고춧가루 약간 ☐ 술(또는 맛술) 1스푼 ☐ 후춧가루 약간 ☐ 김칫국물 ⅓국자(30㎖) ☐ 올리브유 ½스푼

편의점에서 파는 삼각 김밥 중 저는 김치 볶음밥 삼각 김밥을 가장 좋아합니다. 예전에는 특히 빅 사이즈를 좋아했죠. 발견 즉시 구매로 이어지는 '최애' 메뉴였습니다. 그러나 다이어터가 된 후엔 먹을 수 없었죠. 그렇다고 먹고 싶은 걸 참기만 하면 다이어트를 오래 지속할 수 없잖아요. 그래서 너무 먹고 싶은 김치 볶음밥 삼각 김밥을 다이어터 버전으로 재탄생시켜보자는 생각으로 열심히 연구해 '주부팔름표 다이어트 버전 김볶 삼각 김밥'을 만들었습니다. 우선 밀가루가 들어간 햄은 과감히 포기해야 했어요. 그럼 햄의 빈자리를 어떻게 채웠을까요? 비밀은 바로 돼지고기 뒷다리살에 있습니다.

☐ EASY ☐ MEDIUM ☐ HARD	소요 시간 10 min	for 초보 다이어터	약 1,500원	−18kg 감량 때 도움받은 재료

재료특징	레시피특징
▶ 돼지고기 뒷다리살엔 면역 비타민이란 별명이 있는 비타민 B₁이 풍부해요. ▶ 완성된 삼각 김밥을 달걀 프라이와 함께 먹으면 더욱 맛있고 영양가 있게 즐길 수 있어요.	▶ 집에 콩나물무침이 있다면 그것을 이용해도 좋아요. 이땐 김칫국물의 양을 조금 줄여주세요. ▶ 재료를 볶을 때 너무 약한 불에서 볶으면 콩나물에서 물이 많이 나와요. 중간 불 또는 중약불에서 볶아주세요.

① 김치와 양파는 잘게 다지고, 콩나물은 3등분한다.

② 팬에 올리브유 ½스푼을 두른 후 잘게 다진 돼지고기 뒷다리살과 술 1스푼, 고춧가루 약간, 후춧가루 약간을 넣고 볶다가 고기가 반 정도 익었을 때 ①을 넣고 중약불에서 함께 볶는다.

③ ②에 김칫국물을 ⅓국자(30㎖) 넣은 후 국물이 끓어오르면 현미밥 ½공기를 넣어 수분이 사라질 때까지 볶는다.

④

삼각 김밥 틀에 ③의 반을 담고 틀로 누른 후 김을 작게 찢어 아랫부분에 붙여 마무리한다. 같은 방법으로 하나 더 만든다.

단백질 짱!
닭 가슴살 ←

쫄깃쫄깃
mushroom 버섯 ↗

풍미 업!
↙ green onion
파

매콤
↘ chili pepper
청양고추

닭 가슴살 볶음밥 삼각 김밥

재료 ☑ 김 ¼장 ☐ 현미밥 ½공기 ☐ 닭 가슴살 50g ☐ 버섯 50g ☐ 파 ¼대 ☐ 청양고추 ⅓개 ☐ 굴소스 ⅓스푼 ☐ 간장 ½스푼 ☐ 프락토 올리고당 ½스푼 ☐ 물 5스푼

다이어터에게는 친구와도 같은 닭 가슴살. 저는 닭 가슴살을 별로 좋아하지 않지만, 다이어트할 때는 자주 먹으려고 노력합니다. 볶음밥으로 해 먹기도 했는데, 잘못하면 비린 맛이 날 수 있어 제대로 된 조리법을 찾지 못하면 닭 가슴살만 쏙쏙 골라내야 합니다. 그래서 이번에는 닭 가슴살을 일일이 골라내지 않고도 맛있게 먹을 수 있는 조리법을 알려드리려고 해요. 맛있게 씹히는 닭 가슴살을 자꾸만 찾게 되는 마법의 레시피, 지금 소개합니다.

☐ EASY ☐ MEDIUM ☐ HARD	소요 시간 10 min	for 프로 다이어터	약 2,500원	−18kg 감량 때 도움받은 재료

재료특징	레시피특징
▶ 매운 게 싫다면 청양고추 대신 오이고추를 넣으세요. ▶ 쪽파보다 향이 강한 대파를 추천합니다. 풍미를 훨씬 끌어올려 줘요.	▶ 닭 가슴살은 생닭 가슴살을 구매해 직접 삶거나 냉동 닭 가슴살을 구매해 해동해서 준비하세요. ▶ 닭 가슴살을 기름 없이 '굽는다'는 느낌으로 볶아주세요. 바비큐 풍미로 즐길 수 있습니다.

채소 다지기로 버섯, 파, 청양고추를 각각 잘게 다진다.

기름을 두르지 않은 팬에 삶은 닭 가슴살 50g을 올려 꾹꾹 눌러가며 익히다 겉면이 익으면 가위로 잘게 잘라 조금 더 익히다가 그릇에 덜어놓는다.

팬에 ①을 올려 기름 없이 볶다가 익으면 ②와 물 5스 푼, 현미밥 ½공기, 굴소스 ⅓스푼, 간장 ½스푼, 프락토 올리고당 ½스푼을 넣고 볶는다.
굴소스가 없다면 간장과 프락토 올리고당을 각각 1스푼 씩 넣어주세요.

④

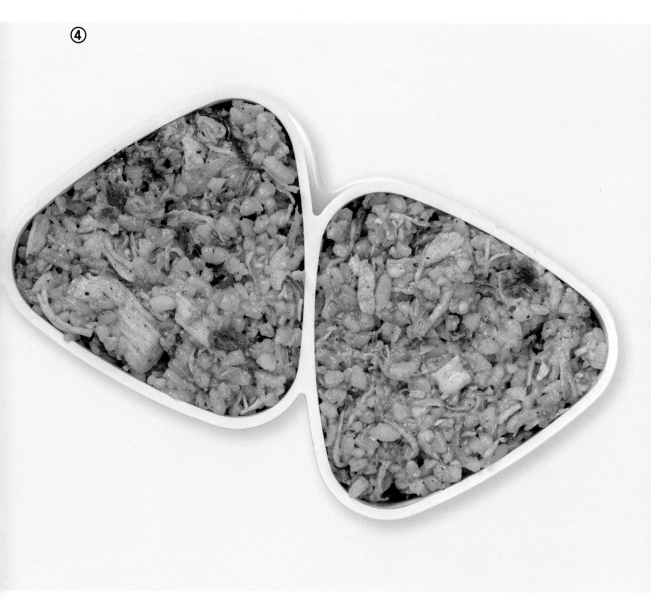

삼각 김밥 틀에 ③의 반을 담고 틀로 누른 후 김을 작게 잘라 아랫부분에 붙여 마무리한다. 같은 방법으로 하나 더 만든다.

DIET
접는 김밥

PART 03

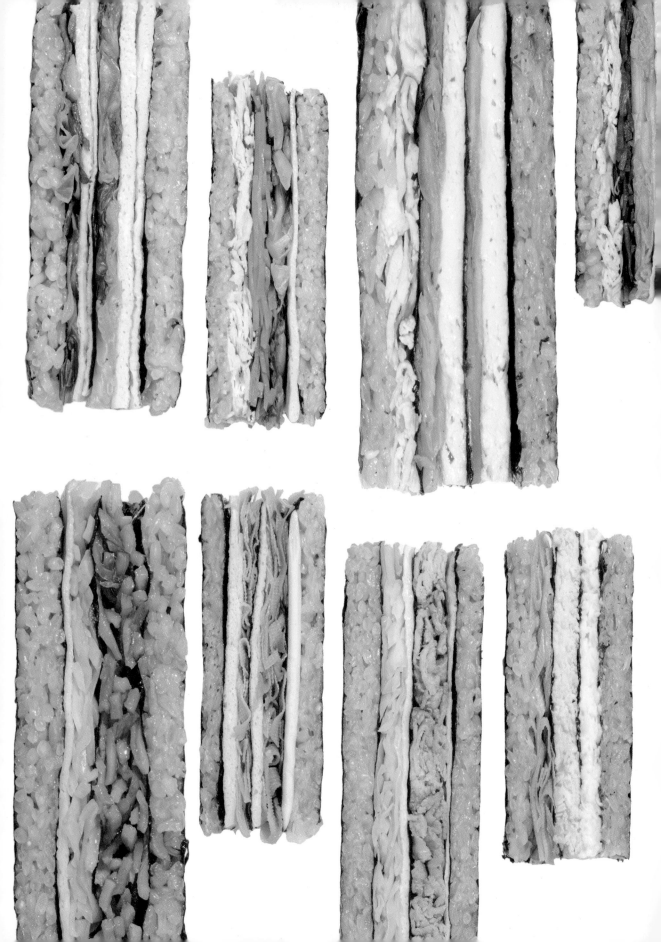

접는 김밥 레시피를 소개하기 전에 접는 김밥 만드는 법을 설명해드릴게요. 접어서 만드는 방식의 접는 김밥은 동그란 김밥이나 삼각 김밥과 달리 만드는 법이 다소 특이하기 때문에 처음 만들 때는 익숙하지 않아 힘드실 거예요. 하지만 기본적으로 만드는 법이 매우 간단하기 때문에 한두 번 만들어보면 금세 따라 할 수 있을 거예요.

❶ 속에 들어갈 재료를 준비합니다.

❷ 김 한가운데를 반만 자릅니다.

❸ 레시피에 적힌 순서대로 재료를 올립니다.

❹ 먼저 ①번을 위로 접어줍니다.

❺ ②번을 옆으로 접어줍니다.

❻ 마지막으로 ③번을 아래로 접어주면 완성입니다.

항산화 짱!
onion 양파

면역력 업!
green
onion 대파

유산균 업!
ki김치chi

단백질 업!
달걀

대파 볶음 접는 김밥

재료 ☑김 1장 ☐현미밥 ½공기 ☐양파 ¼개 ☐대파 ½대 ☑씻은 김치 2줄 ☐달걀 1개 ☐소금
½티스푼 ☐들기름 ½스푼 ☐올리브유 1스푼+약간

저는 다이어트를 시작할 때면 일단 집에 있는 재료를 최대한 활용해보
자는 마인드로 냉장고 털이에 주력하는 편입니다. 이런 경험을 바탕으
로 지금까지 유튜브 영상이나 SNS에 냉장고 털이 노하우를 열심히 공
유해왔죠. 그럴 때마다 자주 등장하는 게 양파와 파, 김치입니다. 이 세
가지 식재료는 어떻게 요리하느냐에 따라 자유자재로 변신 가능한 재
료입니다. 다이어트 요리도 예외는 아니에요. 쉽고 간단하게 '접는 김
밥'으로 만들면 훌륭한 다이어트 요리가 됩니다. 제가 늘 외치는 '맛있
어요, 살 빠져요!' 구호처럼 말이죠. 이 세 가지 재료만 있어도 다이어트
식단과 바로 친구가 될 수 있을 거예요.

☐ EASY ☐ MEDIUM ☐ HARD	소요 시간 20 min	for 초보 다이어터	약 1,500원	−18kg 감량 때 도움받은 재료

재료특징	레시피특징
▶ 양파, 파, 김치처럼 냉장고에 늘 있는 가장 친근한 재료로 지금 당장 만들 수 있는 초간단 김밥입니다.	▶ 파를 볶을 때는 냄새에 집중해주세요. 맛있는 냄새가 올라오면 불을 끄세요.

① 양파 ¼개를 채 썬다.

② 볼에 달걀 1개를 풀어 ①과 섞은 후 올리브유 1스푼을 두른 팬에 부어 지단을 부친 다음 완전히 식혀 2등분한다. 사각 팬의 ½ 크기인 직사각형이 되도록 부쳐주세요. 그 후 작은 사각형으로 2등분합니다.

③ 대파 ½대를 길게 썬 후 올리브유를 약간 두른 팬에 올려 볶는다.

④ 씻은 김치를 길게 자른 후 들기름 ½스푼을 넣고 비빈다.

⑤ 현미밥 ½공기에 소금 ½티스푼을 넣고 비빈다.

⑥

김발 위에 김을 올리고 김 아랫부분을 가위로 자른 후, 절취한 부분 바로 오른쪽부터 시계 반대 방향으로 ①지단+김치, ②현미밥, ③지단+대파 볶음, ④현미밥 순으로 올린다.

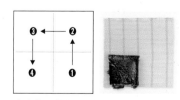

차례대로 접어 완성합니다(접는 법 P.97).

단백질 업!
egg달걀

비타민 업!
ca당근rrot

단백질 더블업!
닭ch가ic슴ken살

영양 빵빵 접는 김밥

재료 ☑ 김 1장 ☐ 현미밥 ½공기 ☐ 달걀 1개 ☐ 당근 ¼개 ☐ 닭 가슴살 75g ☐ 소금 ½티스푼 ☐ 들기름 ½스푼 ☐ 씻은 김치 1줄 ☐ 후춧가루 약간 ☐ 올리브유 1스푼+약간

저는 다이어트 전엔 당근을 좋아하지 않았어요. 하지만 다이어트를 본격적으로 시작하고 보니 그 어떤 식재료보다 먼저 친해져야 하고 사랑에 빠져야 하는 게 바로 당근이었어요. 당근에는 '베타카로틴'이라는 지용성비타민과 식이 섬유가 많이 들어 있어 순간적으로 포만감을 주고 원활한 장운동을 도와주는 등 다이어트에 매우 좋기 때문이죠. 잘 생각해보면 다이어트에 효과적인 주스나 건강 주스에 당근이 빠지지 않고 들어간다는 걸 금방 알 수 있어요. 그만큼 당근은 다이어트할 때 챙겨 먹으면 좋은 식재료입니다.

☐ EASY ☐ MEDIUM ☐ HARD	소요 시간 20 min	for 초보 다이어터	약 2,000원	−18kg 감량 때 도움받은 재료

재료특징	레시피특징
▶ 당근은 오일과 함께 가열해서 먹으면 당근이 지닌 영양소의 체내 흡수율을 최대 약 6배까지 끌어올릴 수 있다고 합니다.	▶ 김밥 재료의 양은 취향대로 가감하세요. 단, 너무 많이 넣으면 김이 찢어질 수 있다는 걸 감안해 양을 조절하세요.

① 당근 ¼개를 채 썬 후 올리브유를 약간 두른 팬에 넣고 볶는다.

② 달걀 1개를 풀어 올리브유 1스푼을 두른 팬에 올려 지단을 부친 후 완전히 식혀 2등분한다. 사각 팬 ½ 크기의 직사각형이 되도록 부친 후 2등분해주세요.

③ 냉동 닭 가슴살 75g을 해동해 잘게 찢은 다음 기름을 두르지 않은 팬에 올려 후춧가루를 약간 뿌려 굽듯이 볶는다.

④ 씻은 김치를 길게 자른 후 들기름 ½스푼을 넣고 비빈다.

⑤ 현미밥 ½공기에 소금 ½티스푼을 넣고 비빈다.

⑥

김발 위에 김을 올리고 김 아랫부분을 가위로 자른 후, 절취한 부분 바로 오른쪽부터 시계 반대 방향으로 ①지단+김치, ②현미밥+
닭 가슴살 볶음, ③지단+당근 볶음, ④현미밥 순으로 올린다.

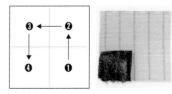

차례대로 접어 완성합니다(접는 법 P.97).

단백질 업!
egg 달걀 ←

섬유질 업!
bell pepper 파프리카 ↷

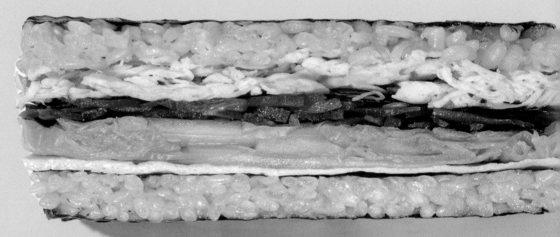

↓ 고소한 cheese 치즈

단백질 더블업! ↷
chicken 닭가슴살

알록달록 비타민 가득 접는 김밥

재료 ☑김 1장 ☐현미밥 ½공기 ☐달걀 1개 ☐파프리카 ⅔개 ☐치즈 1장 ☐닭 가슴살 50g ☐소금 ½티스푼 ☐후춧가루 약간 ☐스리라차 소스 약간 ☐올리브유 1스푼

빨강, 주황, 노랑 등 보기만 해도 예뻐질 것만 같은 알록달록 파프리카는 다이어트에 도움을 주는 성분으로만 이뤄져 있어요. 일단 비타민 C가 풍부하기 때문에 다이어트하면서 저하되기 쉬운 피부 건강과 체력을 보충하기에 좋습니다. 그뿐 아니라 섬유질도 풍부해 포만감을 높여주는 것은 물론이고, 다이어트의 최대 적인 변비 예방에도 매우 효과적이죠. 생김새나 영양이나, 겉이나 속이나 다이어트 식재료로 딱인 친구입니다. 거기에 특유의 아삭한 식감과 알싸하면서도 달달한 맛은 어떤 식재료와 만나든 환상의 맛 궁합으로 풍미를 잔뜩 더해줍니다. 그중 제가 가장 좋아하는 조합을 소개합니다.

☐ EASY ☐ MEDIUM ☐ HARD	소요 시간 20 min	for 초보 다이어터	약 2,000원	−18kg 감량 때 도움받은 재료

재료특징	레시피특징
▶ 아삭한 식감에 어우러지는 부드러운 치즈의 식감은 물론, 묘하게 조화를 이루는 치즈와 파프리카의 맛은 굳이 다이어트 때문이 아니더라도 계속 찾게 합니다.	▶ 생파프리카를 좋아하지 않는 분들은 닭 가슴살을 볶을 때 파프리카를 함께 볶아주세요. 이 경우 김 위에 재료를 올릴 때 닭 가슴살&파프리카 볶음을 2칸에 나눠 올리세요.

① 파프리카 ⅔개를 길게 자른다.

② 냉동 닭 가슴살 50g을 해동해 잘게 찢은 후 기름을 두르지 않은 팬에 올리고 후춧가루를 약간 뿌려 굽듯이 볶는다.

③ 현미밥 ½공기에 소금 ½티스푼을 넣고 비빈다.

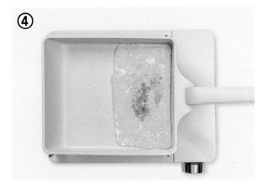

④ 달걀 1개를 풀어 올리브유 1스푼을 두른 팬에 올려 지단을 부친 후 완전히 식혀 2등분한다. 사각 팬 ½ 크기의 직사각형이 되도록 부친 후 2등분해주세요.

⑤

김발 위에 김을 올리고 김 아랫부분을 가위로 자른 후, 절취한 부분 바로 오른쪽부터 시계 반대 방향으로 ①지단, ②현미밥+닭 가슴살 볶음+치즈, ③지단+파프리카, ④현미밥 순으로 올린다.

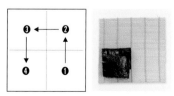

차례대로 접어 완성해(접는 법 P.97) 스리라차 소스에 찍어 드세요.

단백질 짱!
egg 달걀

쫄깃함 업!
dried squid 진미채

위장 건강 업!
cabbage 양배추

쫀득 아삭 진미채 접는 김밥

재료 ☑김 1장 ☐현미밥 ½공기 ☐진미채 1줌 ☐달걀 1개 ☐양배추 적당량 ☐소금 ½티스푼
☐간장 1스푼 ☐프락토 올리고당 1스푼 ☐올리브유 1스푼

다이어터가 된 후, 제가 '맛 탐정'이 된 것 같다고 느낄 때가 있어요. 이 느낌은 정말 뿌듯합니다. 자극적인 소스와 양념을 뒤로하고 식재료 본연의 맛에 집중해 새로운 맛을 만들어내는 게 제가 생각하는 다이어터의 표본이기 때문이죠. 맛 탐정 역할을 잘해낼 때면, 다시 말해 평범한 식재료의 새로운 맛을 발견해낼 때면 '내가 다이어터의 길을 제대로 걷고 있구나' 하는 뿌듯함을 느끼곤 합니다. 다이어터로서, 그리고 음식을 먹는 한 명의 사람으로서 성장한 것에 대한 뿌듯함이죠. 그래서 이번엔 제가 발견한 새로운 '맛 조합'을 소개하려고 해요. 바로 진미채와 양배추의 조합입니다.

☐ EASY ☐ MEDIUM ☐ HARD	소요 시간 30 min (진미채 불리는 시간 10 min +김밥 조리 시간 20 min)	for 초보 다이어터	약 3,500원	−18kg 감량 때 도움받은 재료

재료특징	레시피특징
▶ 진미채 대신 삶은 오징어나 생오징어로 바꿔 요리해도 좋아요. ▶ 평소 반찬으로만 먹던 진미채가 아삭아삭한 양배추와 만나 진미채 조림과는 또 다른 식감과 맛을 냅니다.	▶ 간장 맛 진미채보다 매콤한 진미채를 좋아하는 분은 간장 대신 스리라차 소스 1스푼과 프락토 올리고당 ⅓스푼을 넣어주세요.

① 진미채 1줌을 물에 담가 10분간 불린다.

② 양배추 적당량을 채 썰어 올리브유 ½스푼을 두른 팬에 올려 볶는다.

③ 달걀 1개를 풀어 올리브유 ½스푼을 두른 팬에 올려 지단을 부친 후 완전히 식혀 2등분한다.

사각 팬 ½ 크기의 직사각형이 되도록 부친 후 2등분하세요.

④ 팬에 불린 진미채를 올려 기름 없이 수분을 날리며 볶다 간장 1스푼, 프락토 올리고당 1스푼을 넣어 약한 불에서 조린다.

⑤ 현미밥 ½공기에 소금 ½티스푼을 넣고 비빈다.

김발 위에 김을 올리고 김 아랫부분을 가위로 자른 후, 절취한 부분 바로 오른쪽부터 시계 반대 방향으로 ①지단+양배추 볶음, ②현미밥, ③지단+진미채 볶음, ④현미밥 순으로 올린다.

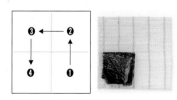

차례대로 접어 완성합니다(접는 법 P.97).

free 대파 onion

pape 포두부 ofu

↑

단백질 더블업!

eg딸 g갈

칼슘 업!

ch치즈 se

114

Weight Loss

−18kg

포두부볶음접는김밥

재료 ☑김 1장 ☐현미밥 ½공기 ☐대파 약간 ☐포두부 ½장 ☐달걀 1개 ☐치즈 1장 ☐소금 ½티스푼 ☐간장 1스푼 ☐프락토 올리고당 1스푼 ☐올리브유 1스푼

포두부는 보통 대량으로만 판매하기 때문에 보관법이 까다롭습니다. 요리할 때 편하고 신선해야 하기 때문에 어떻게 보관해야 할지 고민을 많이 하게 되죠. 그런 오랜 시행착오를 거쳐 알아낸 저만의 포두부 보관법을 알려드릴게요. 일명 '세 가지 모양으로 잘라 냉동 보관하기'입니다. 첫 번째는 김밥을 쌀 김 모양으로 크게, 두 번째는 볶은 포두부로 사용할 면 크기로, 세 번째는 꼬마 김밥을 위한 작은 김 모양으로 잘라 보관해주세요. 특히 두 번째가 활용도가 가장 높기 때문에 좀 더 많은 양의 포두부를 면 모양으로 잘라 보관해두면 나중에 더 편하실 거예요.

☐ EASY ☐ MEDIUM ☐ HARD	소요 시간 20 min	for 초보 다이어터	약 2,000원	−18kg 감량 때 도움받은 재료

재료특징	레시피특징
▶ 슬라이스 치즈를 고를 땐 가공 버터, 가공 유지, 설탕을 넣지 않은 제품으로 선택하세요.	▶ 매콤한 맛을 좋아하는 분들은 포두부와 대파를 볶을 때 청양고추 ⅓개를 추가하세요.

① 포두부 ½장을 면처럼 얇게 자른 후, 끓는 물에 데친다.

② 달걀 1개를 풀어 올리브유 ½스푼을 두른 팬에 올려 지단을 부친 후 완전히 식혀 2등분한다.

사각 팬 ½ 크기의 직사각형이 되도록 부친 후 2등분해주세요.

③ 파를 길게 썬 후 올리브유 ½스푼을 두른 팬에 올려 볶는다.

④ ③이 익으면 데쳐놓은 포두부와 간장 1스푼, 프락토 올리고당 1스푼을 넣고 약한 불에서 함께 볶는다.

⑤ 현미밥 ½공기에 소금 ½티스푼을 넣고 비빈다.

⑥

김발 위에 김을 올리고 김 아랫부분을 가위로 자른 후, 절취한 부분 바로 오른쪽부터 시계 반대 방향으로 ①지단+포두부 볶음, ②현미밥, ③지단+치즈, ④현미밥 순으로 올린다.

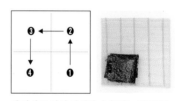

차례대로 접어 완성합니다(접는 법 P.97).

단백질 업!
pork 돼지고기 뒷다리살
←

단백질 더블업!
달걀 *egg*
↰

비타민 업!
↱
cabbage 양배추

118

매콤 돼지고기 접는 김밥

재료 ☑김 1장 ☐현미밥 ½공기 ☐돼지고기 뒷다리살 100g ☐달걀 1개 ☐양배추 적당량 ☐
소금 ½티스푼 ☐후춧가루 약간 ☐스리라차 소스 2스푼 ☐올리브유 1스푼

'다이어터의 집밥 한 상 차림'이란 애칭이 있는 김밥입니다. '집밥' 하면
한번에 떠오르는 메뉴로만 구성한 김밥이죠. 상상만 해도 침이 도는 제
육 볶음과 쌈, 그리고 국민 반찬 달걀말이가 들어갑니다. 물론 다이어
트 버전으로 말이죠. 저뿐만 아니라 남편과 부모님까지 좋아하는 김밥
인 만큼 맛은 100퍼센트 보장합니다. 제육 볶음은 언제나 '옳다'는 걸
바로 이 김밥으로 다시 한번 확인할 수 있을 거예요.

☐ EASY ☐ MEDIUM ☐ HARD	소요 시간 20 min	for 초보 다이어터	약 3,000원	−18kg 감량 때 도움받은 재료

재료특징	레시피특징
▶ 돼지고기 뒷다리살을 볶을 때 후춧가루를 많이 넣으면 감칠맛이 살아나 더 맛있어요.	▶ 매콤한 것을 좋아한다면 돼지고기 뒷다리살을 볶을 때 청양고추를 추가하세요. ▶ 앞서 소개해드린 '쫀득 아삭 진미채 접는 김밥'에 사용한 간장 양념으로 돼지고기 뒷다리살을 볶아보세요. 매콤한 제육 볶음을 넣었을 때와는 또 다른 다이어트 별미를 맛보실 수 있습니다.

①

양배추는 얇게 채 썬다.

②

돼지고기 뒷다리살 100g을 불고기용으로 얇게 자른 후 올리브유 ½스푼을 두른 팬에 올려 스리라차 소스 2스푼과 후춧가루 약간을 넣고 볶는다.

③

달걀 1개를 풀어 올리브유 ½스푼을 두른 팬에 올려 지단을 부친 후 완전히 식혀 2등분한다. 사각 팬 ½ 크기의 직사각형이 되도록 부친 후 2등분해주세요.

④

현미밥 ½공기에 소금 ½티스푼을 넣고 비빈다.

⑤

김발 위에 김을 올리고 김 아랫부분을 가로로 자른 후, 절취한 부분 바로 오른쪽부터 시계 반대 방향으로 ①지단+돼지고기 볶음, ②현미밥, ③지단+양배추, ④현미밥 순으로 올린다.

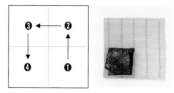

차례대로 접어 완성합니다(접는 법 P.97).

121

유산균 짱!
ki 김치 chi

항산화 업!
on 양파 ion

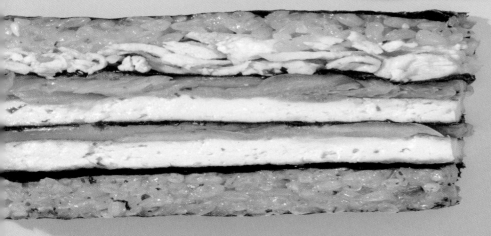

단백질 업!
chicken 닭 가슴살

단백질 더블업!
to 두부 fu

Weight Loss

−18kg

달달 양파 볶음 접는 김밥

재료 ☑️김 1장 ☐현미밥 ½공기 ☐씻은 김치 1~2줄 ☐양파 ⅓개 ☐닭 가슴살 50g ☐두부 ⅓모 ☐소금 ½티스푼 ☐후춧가루 약간 ☐간장 1스푼 ☐프락토 올리고당 1스푼 ☐들기름 ½스푼 물 3스푼

양파 볶음은 의외로 기름이 많이 들어가는 요리예요. 한 번이라도 양파를 볶아본 분들은 공감하실 거예요. 양파가 타지 않도록 기름을 붓고 또 부어야 하죠. 특유의 달달한 맛이 좋아 양파 볶음을 자주 먹었지만 다이어터가 된 이후로는 손이 잘 가지 않더라고요. 기름이 얼마나 많이 들어가는지 알기 때문에 기름 범벅인 양파 볶음은 자연히 멀리하게 되었습니다. 하지만 다이어트한다고 평소 좋아하던 음식을 포기하는 건 일류 다이어터가 아니잖아요? 저만의 시행착오와 노하우로 찾아낸 '다이어터에게 딱 맞는 양파 볶음 조리법'을 담은 레시피를 소개합니다.

☐ EASY ☐ MEDIUM ☐ HARD	소요 시간 20 min	for 초보 다이어터	약 2,000원	−18kg 감량 때 도움받은 재료

재료특징	레시피특징
▶ 양파의 매운맛을 덜어내고 싶다면 양파를 얇게 슬라이스하거나 채 썰어 물에 담가 1시간 정도 냉장실에 보관한 후 요리하세요.	▶ 포인트는 '얇게', '약한 불', '물'이에요. 양파를 얇게 썰어 약한 불로 볶으면서 기름은 적게 붓고 대신 물을 붓는 게 포인트입니다. 이렇게 볶으면 양파가 타지 않으면서 아삭하게 볶아져요.

① 양파는 얇게 채 썰고, 두부는 길게 잘라 준비한다.

② 볼에 간장 1스푼, 프락토 올리고당 1스푼, 물 2스푼을 넣고 잘 섞는다.

③ 달군 팬에 양파와 두부를 각각 올려 기름 없이 약한 불에서 굽는다. 양파에만 타지 않도록 물을 1스푼 넣는다.

④ 양파와 두부 위에 ②를 부은 후 뚜껑을 닫고 익힌다.

⑤ 냉동 닭 가슴살 50g을 해동해 잘게 찢은 다음 기름을 두르지 않은 팬에 올려 후춧가루 약간을 넣고 굽듯이 볶는다.

⑥ 씻은 김치를 길게 자른 후 들기름 ½스푼을 넣고 비빈다.

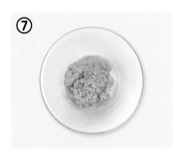

⑦ 현미밥 ½공기에 소금 ½티스푼을 넣고 비빈다.

⑧

김발 위에 김을 올리고 김 아랫부분을 가위로 자른 후, 절취한 부분 바로 오른쪽부터 시계 반대 방향으로 ①두부+김치, ②현미밥+
닭 가슴살 볶음+양파, ③두부+김치, ④현미밥 순으로 올린다.

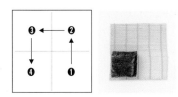

차례대로 접어 완성합니다(접는 법 P.97).

단백질 업!
egg달걀 ←

단백질 더블업!
paper tofu
→ 포두부

← 항산화에 좋은
양파

수분 업!
cucumber
↓ 오이

비타민 업!
carrot
↓ 당근

Weight Loss

−18kg

부드러운 달걀 샐러드 접는 김밥

재료 ☑김 1장 ☐현미밥 ½공기 ☐삶은 달걀 2개 ☐포두부 ⅓장 ☐양파 약간 ☐오이 약간 ☐당근 약간 ☐소금 ½티스푼 ☐간장 ⅓스푼 ☐식물성 마요네즈 1+½스푼 ☐프락토 올리고당 1+⅓스푼

평소 샌드위치로 만들어 먹던 달걀 샐러드로 다이어트 별미 김밥을 만들어보세요. 달걀은 단백질과 비타민 A·B·D군이 풍부하고 건강을 유지하는 데 필요한 대부분의 영양소를 함유해 단독 식품, 즉 완전 식품으로 알려져 있습니다. 그만큼 다이어트할 때 섭취하면 좋은 식품이에요. 퍽퍽한 삶은 달걀을 먹기 힘들어하는 분들은 맛있는 샐러드로 만들어 가볍게 먹는 방법으로 김밥을 만들어보세요.

| ☐ EASY ☐ MEDIUM ☐ HARD | 소요 시간 20 min | for 유지어터 | 약 2,500원 | −18kg 감량 후 유지할 때 도움받은 재료 |

재료특징	레시피특징
▶ 달걀은 노른자까지 다 익도록 12분 정도 삶아주세요. ▶ 채소가 적게 들어가는 만큼 마요네즈는 식물성 마요네즈로 사용해주세요.	▶ 칼로리를 줄인 다이어트 마요네즈를 사용하긴 했어도 채소만 넣은 다이어트 김밥보다는 칼로리가 높으니 삶은 달걀이 물릴 때마다 가끔 먹는 스페셜 메뉴로 즐기는 걸 추천합니다.

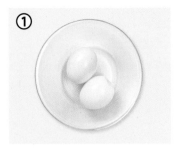

① 달걀 2개를 완숙으로 삶은 후 으깬다.

② 포두부 ⅓장을 면처럼 얇게 자른 후 끓는 물에 데친다.

③ 양파 약간을 얇게 채 썬다.

④ 팬에 ③을 올려 기름 없이 볶다가 익으면 데친 포두부와 간장 ⅓스푼, 프락토 올리 고당 ⅓스푼을 넣고 약한 불로 볶는다.

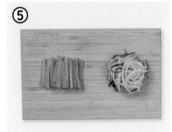

⑤ 당근과 오이를 잘게 썬다. 취향에 따라 잘 게 다져도 좋습니다.

⑥ 볼에 ①과 ⑤, 마요네즈 1+½스푼, 프락 토 올리고당 1스푼을 넣고 비벼 달걀 샐 러드를 만든다.

⑦ 현미밥 ½공기에 소금 ½티스푼을 넣고 비빈다.

⑧

김발 위에 김을 올리고 김 아랫부분을 가로로 자른 후, 절취한 부분 바로 오른쪽부터 시계 반대 방향으로 ①달걀 샐러드, ②현미밥+
포두부 볶음, ③달걀 샐러드, ④현미밥 순으로 올린다.

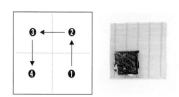

차례대로 접어 완성합니다(접는 법 P.97).

DIET

김 없는 김밥

PART 04

단백질 엔
paper tofu
포두부

향긋한
perilla leaf
깻잎

단백질 더블업
beef
소고기

혈액순환 업!
garlic chive
부추

소고기품은포두부김밥

재료 ☑포두부 1장 ☐현미밥 ½ 공기 ☐깻잎 6장 ☐양파 ¼개 ☐부추 1줌 ☐소고기 홍두깨살 150g ☐들기름 ½스푼 ☐스리라차 소스 약간

국수 레시피에서 밀가루 면 대신 자주 사용하는 두부 면은 많이 들어보 셨을 것 같은데, 포두부는 조금 낯설게 느껴지실 거예요. 다소 생소한 식재료처럼 느껴질 수 있는 포두부는 두부로 만든 식품인 만큼 단백질 함량이 높아 다이어트에 아주 좋습니다. 두부를 종잇장처럼 얇게 펴 바 싹 말린 게 포두부인데, 어떤 요리에든 적합한 모양으로 자를 수 있어 편리해요. 국수에 넣을 때는 면처럼 얇고 길게, 김밥에 넣어 먹을 때는 김처럼 크게 잘라 사용해보세요. 만들기도 쉽고 포만감도 더욱 높일 수 있을 거예요. 최근 쉽게 구할 수 있게 된 포두부로 오늘도 날씬하고 배 부른 한 끼 하세요.

☐ EASY ☑ MEDIUM ☐ HARD	소요 시간 20 min	for 유지어터	약 4,000원	−18kg 감량 후 유지할 때 도움받은 재료

재료특징	레시피특징
▶ 깻잎을 좋아하지 않는 분들은 상추나 쌈배추 등으로 대체하세요.	▶ 양파는 최대한 얇게 썰어주세요. ▶ 부추는 살짝 데쳐서 넣어도 됩니다. ▶ 스리라차 소스에 찍어 먹으면 더욱 맛있어요.

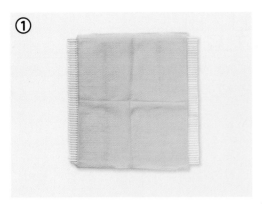

① 김 크기로 자른 포두부 1장을 물에 데쳐 준비한다.

② 달군 팬에 소고기 150g을 올려 기름 없이 굽는다.

③ 양파 ¼개를 얇게 채 썬다.

④ 볼에 현미밥 ½공기와 들기름 ½스푼을 넣고 비빈다.

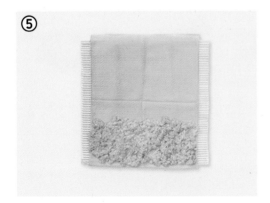

⑤ 김발 위에 ①을 올리고 그 위에 ④를 얇게 펴 올린다.

⑥

그 위에 깻잎 6장, 양파, 손질한 부추 1줌, 소고기를 차례대로 올린다.

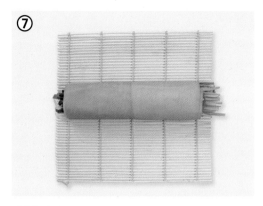

⑦

김밥을 만다. 김밥이 풀어지지 않도록 포두부 끝에 밥풀을 붙이는 것도 좋은 방법이에요. 스리라차 소스에 찍어 드세요.

papier 두부 tofu

달걀 egg

수분 업!

cucumber

단백질 더블업 김밥

재료 ☑포두부 1장 ☐현미밥 ½공기 ☐달걀 2개 ☐오이 1개 ☐간장 2스푼 ☐들기름 ½스푼
☐올리브유 1스푼

이번에 소개할 레시피는 단백질 가득한 포두부와 달걀이 붙은 독특한 식감의 김밥입니다. 두부로 만들어 단백질 함량이 높은 포두부와 하루에 2개만 먹어도 필요한 단백질을 대부분 섭취할 수 있다는 달걀이 주재료입니다. 듣기만 해도 높은 영양가와 포만감이 상상이 가는 만남이죠? 단백질 함량이 꽤 높은 김밥이기 때문에 다이어터뿐 아니라 다이어트를 끝내고 요요와 싸우고 있는 유지어터에게 매우 좋습니다. 포두부는 두부 특유의 향이 좀처럼 나지 않고 맛도 그다지 강한 편이 아니라 비위가 약한 분들도 어렵지 않게 먹을 수 있을 거예요.

☐ EASY ☐ MEDIUM ☐ HARD	소요 시간 20 min	for 초보 다이어터	약 2,300원	−18kg감량 때 도움받은 재료

재료특징	레시피특징
▶ 오이는 취청오이든 백오이든 취향대로 선택하세요. 단, 취청오이가 백오이보다 단단하므로 요리하기 더 쉽습니다. ▶ 달걀 프라이는 최대한 얇게 부치고, 꼭 노른자를 터뜨려 완숙으로 익혀주세요.	▶ 오이는 채칼을 사용해 얇게 채 썰어주세요. 최대한 얇게 썰수록 김밥을 말기 편하답니다. 채칼이 없어 채 썰기 힘들다면 잘게 다져 밥에 넣고 들기름으로 비비는 것도 좋습니다.

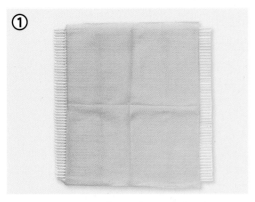

김 크기로 자른 포두부 1장을 물에 데쳐 준비한다.

오이 1개를 채 썬다.

팬에 올리브유 1스푼을 두르고 달걀 2개를 올려 각각 부치다 흰자가 다 익으면 노른자를 터뜨려 마저 익힌다.

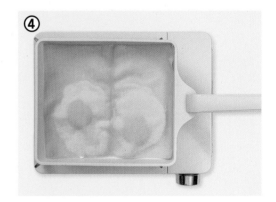

포두부를 ③위에 올려 익힌다.

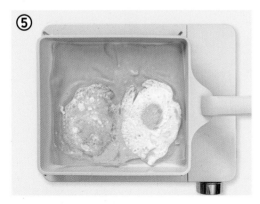

뒤집어서 반대쪽도 익힌다.

볼에 현미밥 ½공기, 간장 2스푼, 들기름 ½스푼을 넣고 비빈다.

⑦

김발 위에 ⑤를 달걀이 위로 가도록 올리고, 그 위에 ⑥과 ②를 차례대로 올린다.

⑧

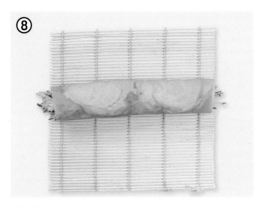

김밥을 만다. 김밥이 풀어지지 않도록 포두부 끝에 밥풀을 붙이는 것도 좋은 방법이에요.

아삭아삭 맛있는
ki 김치 chi

부드럽고 고소한
tofu 두부

고소한 묵은지김밥

재료 ☑묵은지 4줄 ☐두부 ⅔모 ☐간장 1스푼 ☐소금 약간 ☐프락토 올리고당 ½스푼 ☐
들기름 1스푼 ☐통깨 약간

다이어터가 된 후 가장 크게 달라진 것은 김치에 대한 관점입니다. 이전에는 남는 김치가 고민거리였어요. 그런데 이제는 김치가 남는 게 그렇게 반가울 수 없습니다. 김치로 만들 수 있는 다이어트 음식이 매우 다양하기 때문이죠. 김치로 만들면 영양을 섭취할 수 있는 건 물론, 소화도 편안하게 잘돼요. 무엇보다 제일 좋은 건 어떤 요리든 다이어트 요리답지 않게 맛있다는 거죠. 그래서 통에 가득 남아 있는 김치를 보면 천군만마를 얻은 기분이에요. 김치가 주인공인 참 쉬운 다이어트 김밥, 지금 바로 소개할게요.

☐ EASY	소요 시간 20 min	for 프로 다이어터	약 2,000원	−18kg감량 때
☐ MEDIUM				도움받은 재료
☐ HARD				

재료특징	레시피특징
▶ 김치는 배춧잎이 큰 것으로 준비해주세요. 묵은지가 아니어도 괜찮아요. 신 김치도 좋습니다. 하지만 덜 익은 김치는 맛이 조금 떨어진다는 점을 유의하세요.	▶ 프락토 올리고당이 없다면 대체 설탕(스테비아, 알룰로스 등)을 사용해도 좋습니다. 단, 스테비아나 알룰로스는 단맛이 강하니 양을 줄여 사용해주세요.

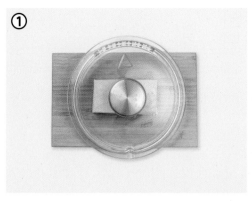

두부 ⅔모를 전자레인지에 돌린 후 무거운 냄비 뚜껑을 올려 물기를 제거한 다음 으깬다.

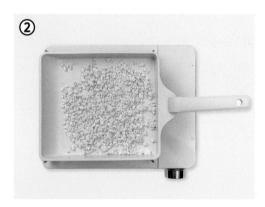

달군 팬에 기름을 두르지 않고 ①을 올려 수분을 날리며 중간 불에서 볶는다.

②를 식힌 후 볼에 담아 간장 1스푼, 들기름 1스푼, 프락토 올리고당 ½스푼, 소금 약간, 통깨 약간을 넣고 비빈다.

④

양념을 씻은 묵은지 4줄을 김발 위에 세로로 가지런히 올린 후, 그 위에 ③을 올린다.

⑤

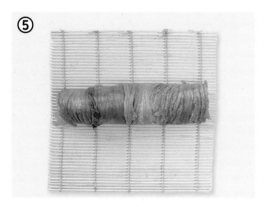

김밥을 만다. 김치 끝부분에 현미밥 1스푼을 얇게 붙여 말면
김밥이 풀리는 것을 방지할 수 있어요.

수분 업!
oatmeal
오트밀 ←

단백질 업!
egg
달걀 →

비타민 짱!
bell pepper
파프리카 ↘

신선한
lettuce
상추 ↘

칼슘 짱!
cheese
치즈 ↘

신선함 가득 오트밀 김밥

재료 ☑오트밀 7스푼 ☐달걀 1개 ☐파프리카 1개 ☐청상추 4장 ☐치즈 1장 ☐무설탕 케첩 1스푼 ☐옐로 머스터드 약간

다이어트를 하는 동안 즐겨 먹은 식재료를 꼽으라면 단연 오트밀을 들수 있습니다. 다이어트하기 전에는 시리얼 정도로만 접한 게 다였던 오트밀이지만, 다이어트를 하면서는 다양하게 조리해 먹곤 했죠. 그만큼오트밀이 체중 감량에 좋다는 건 누구나 잘 아는 사실일 거예요. 오트밀은 귀리를 납작하게 눌러 만든 걸 말해요. 귀리는 수분이 풍부해서다이어트에 큰 도움을 주는 곡물이죠. 이러한 귀리를 더 먹기 쉽고 요리하기 쉽게 만든 게 바로 오트밀입니다. 웬만한 요리에 넣어 먹으면금세 다이어트 요리가 되어버리죠. 다이어트 요리계의 환상의 짝꿍, 오트밀과 파프리카로 만든 쉽고 맛있는 김밥을 소개합니다.

☐ EASY ☐ MEDIUM ☐ HARD	소요 시간 20 min	for 프로 다이어터	약 2,500원	−18kg 감량 때 도움받은 재료

재료특징	레시피특징
▶ 오트밀에는 식물성 단백질이 풍부하게 들어 있습니다. ▶ 매콤한 것을 좋아하는 분들은 타바스코 핫소스를 뿌려 드세요.	▶ 오트밀을 뜨거운 물에 불려 사용하거나 달걀과 섞어 냉장고에 30분 간 보관한 후 요리하면 부드러운 식감으로 드실 수 있어요.

볼에 오트밀 7스푼을 넣고 달걀 1개를 풀어 섞는다.

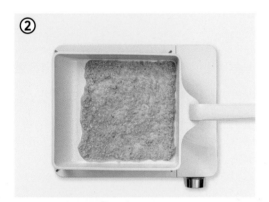

사각 팬에 ①을 올려 기름 없이 약한 불로 굽는다.

파프리카 1개를 씨를 빼고 길게 채 썰어 손질한 후, 무설탕 케첩 1스푼을 넣고 비벼 준비한다.

④

김발에 ②를 올리고 그 위에 청상추 4장과 ③을 차례대로 올린 후, 옐로 머스터드를 길게 1줄 뿌린 다음 치즈 1장을 2등분해 오트밀 지단 끝에 가로로 길게 올린다.

⑤

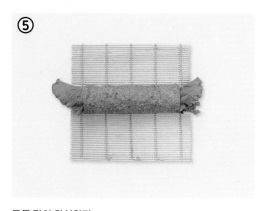

돌돌 말아 완성한다.

위장에 좋은
ca**양배추**ge ←

단백질 업!
두부
tofu

항산화 효과
양파
onion ←

비타민 업!
chili 고추 pepper

Weight Loss

−18kg

촉촉한 양배추 두부 쌈장 김밥

재료 ☑ 큰 양배추 잎 4장 ☐ 보리밥 ⅓공기 ☐ 오이고추 2개 ☐ 두부 쌈장 3스푼

이번에는 제가 다이어트를 하면서 가장 많이 먹고 감량에 가장 많은 도움을 받은 '주부팔름표 시크릿 푸드'를 소개해보려고 해요. 이름하여 '두부 쌈장'입니다. 두부를 넣었기 때문에 단백질 함량이 높고, 반대로 염분은 일반 쌈장보다 적어 아무리 많이 먹더라도 짜지 않아 부담 없이 먹을 수 있습니다. 양배추에 싸서 먹어도 맛있고 상추에 싸서 먹어도 맛있는 이 쌈장만 있다면 스트레스받지 않고 즐겁고 행복하게 다이어트할 수 있답니다. 어떤 재료와도 잘 어울리기 때문에 다양한 요리를 즐길 수 있죠. 그럼 이 주부팔름의 보물 '두부 쌈장'을 이용해 한국인이라면 누구나 좋아할 김밥을 만들어볼까요?

☐ EASY ☐ MEDIUM ☐ HARD	소요 시간 30 min (두부 쌈장 조리 시간 15 min +김밥 조리 시간 15 min)	for 초보 다이어터	약 2,000원	−18kg 감량 때 도움받은 재료

재료특징	레시피특징
▶ 두부는 찌개용이나 부침용 둘 다 상관없지만 잘 으깨지는 찌개용이 요리하기 더 편해요. ▶ 겉보리는 겉껍질이 벗겨지지 않아 찰보리와 달리 찰진 식감은 없지만 섬유질이 더욱 풍부하므로 밥을 지을 때는 겉보리로 짓는 것을 추천합니다.	▶ 두부 쌈장은 여러 레시피에 활용할 수 있어요. 냉장실에 두면 일주일간 보관 가능하니 한번 만들어 여러 요리에 활용하세요. ▶ 양배추는 찜기를 이용해 쪄도 돼요. 단, 너무 오래 찌지 마세요. 너무 오래 찌면 양배추에서 물이 나와 잎이 흐물흐물해집니다.

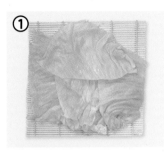
① 양배추는 큰 잎 4장을 찢어 손질한 후 쪄서 준비한다.

② 볼에 두부 쌈장 3스푼과 보리밥 ⅓공기를 넣고 비빈다.

③ 김발 위에 찐 양배추를 넓게 겹쳐 편 후, ②를 앞부분에 펴 올리고 꼭지를 제거한 오이고추 2개를 길게 올린다.

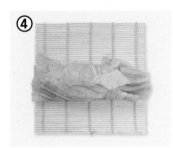
④ 돌돌 말아 완성한다.

두부 쌈장 만들기 ※ 690㎖들이 기준 1통 분량의 양입니다.

재료 ☐양파 1개 ☐참기름 2스푼 ☐두부 ⅔모 ☐된장 ⅔스푼 ☐고추장 ⅔스푼

1. 양파 1개를 잘게 썬 후 참기름 2스푼을 넣고 비빈다.

2. 달군 팬에 ①을 올려 볶다가 양파가 투명해지면 두부 ⅔모를 넣어 으깨면서 볶는다.

3. ②에 된장 ⅔스푼, 고추장 ⅔스푼을 넣고 조금 더 볶는다.

TIP. 양배추 맛있게 찌는 법

① 양배추를 낱장으로 떼어 씻은 후, 물기가 있는 그대로 그릇에 담는다.

② 물 25㎖(양배추 잎 4장 기준)를 양배추 위에 뿌린 다음 뚜껑을 덮어 전자레인지에 5분간 돌린다.

식이 섬유 짱!
lettuce 상추

혈관 건강 짱!
달걀 *egg*

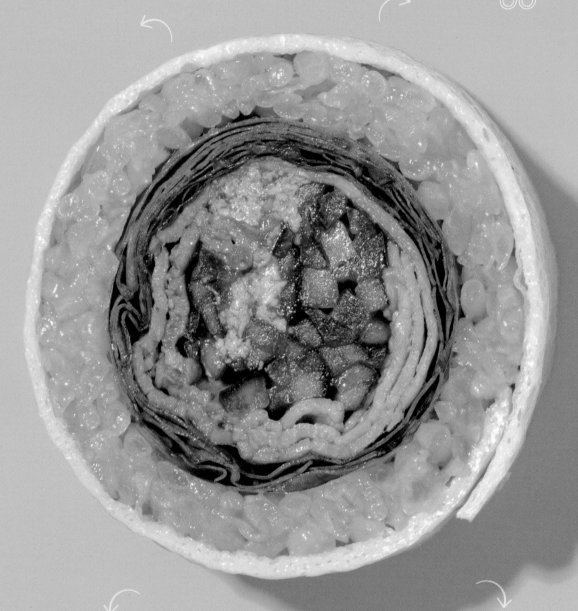

단백질 짱!
돼지고기 뒷다리살 *pork*

수분 짱!
cucumber 오이

아삭한 상추 두부 쌈장 김밥

재료 ☑ 청상추 6장 ☐ 현미밥 ½공기 ☐ 달걀 2개 ☐ 돼지고기 뒷다리살 80g ☐ 두부 쌈장 2스푼(레시피 P.151) ☐ 오이 ¼개 ☐ 소금 약간 ☐ 후춧가루 약간 ☐ 올리브유 1스푼

두부 쌈장은 한번 만들어놓으면 일주일까지 냉장 보관할 수 있습니다. 그렇기 때문에 조금 많이 만들어놓고 매일 다른 요리에 활용하면 좋아요. 채소와 맛 궁합이 특히 좋아서 그날그날 다양한 채소에 곁들여 먹으면 더할 나위 없이 좋죠. 다이어트 요리가 질리기 시작할 때 활용하면 매우 좋은 아이템입니다. 두부 쌈장을 이용해 이번에는 고기쌈 맛이 나는 김밥을 만들어볼까요? 상추에 돼지고기를 올리고 여기에 두부 쌈장까지 넣은 김밥이라 한 줄만 먹어도 고기쌈 열 번 먹은 것 같은 대리 만족을 주는 레시피입니다.

☐ EASY ☐ MEDIUM ☐ HARD	소요 시간 30 min (두부 쌈장 조리 시간 15 min +김밥 조리 시간 15 min)	for 초보 다이어터	약 2,700원	−18kg감량 때 도움받은 재료

재료특징	레시피특징
▶ 돼지고기 뒷다리살을 통살로 구입할 경우, 미리 얇게 썰어 준비하세요. 정육점에서 구입한다면 제육 볶음용으로 잘라달라고 이야기하세요. ▶ 돼지고기 뒷다리살이 없다면 안심을 활용해도 좋아요.	▶ 지단은 사각 팬을 이용해 네모나게 부치세요. 사각 팬이 없다면 부치고 식힌 다음 네모나게 잘라주세요. 지단은 최대한 얇게 부치세요.

① 오이 ¼개를 얇게 채 썬다.

② 달군 팬에 잘게 찢은 돼지고기 뒷다리살 80g을 올리고 소금 약간과 후춧가루 약간을 넣어 볶는다.

③ 달걀 2개를 풀어 달걀물을 만든 다음, 올리브유 1스푼을 두른 사각 팬에 올려 지단을 부친다.

④ 김발에 지단을 올리고 현미밥 ½공기를 앞부분에 펼쳐 올린다.

⑤

④ 위에 청상추 6장을 넓게 펼쳐 올리고, ②와 ①을 차례대로 올린 다음 두부 쌈장 2스푼을 길게 올린다.

⑥

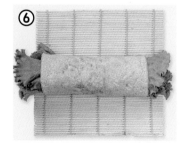

돌돌 만다.

아삭아삭
양배추
cabbage

쫄깃쫄깃
미역국수
seaweed
noodle

달달한
양파
onion

수분 가득
오이
cucumber

156

쫄깃쫄깃 미역국수 김밥

재료 ☑ 큰 양배추 잎 4장 ☐ 미역국수 1팩 ☐ 양파 1개 ☐ 오이 ⅓개 ☐ 다진 마늘 약간 ☐ 식초 1스푼 ☐ 고추장 ½스푼 ☐ 들기름 ½스푼 ☐ 멸치액젓 ½스푼 ☐ 프락토 올리고당 ½스푼

다이어트 중엔 다이어트 재료에 관심이 많아지잖아요. 그중 하나가 바로 미역국수입니다. 일반적으로 밀가루로 만들어 칼로리가 높은 일반 면 대신 저열량으로 맛있게 섭취할 수 있는 면을 찾다가 알게 된 미역국수. 처음에는 좀 주저되더라도 꼬독꼬독한 식감이 매력적이라 한번 먹으면 또 찾게 되는 마성을 지녔습니다. 일반 면과 비교했을 때 식감이나 맛에서 큰 차이가 나지 않기 때문에 다이어트하면서 몇 개씩 쟁여두고 면 요리가 먹고 싶을 때마다 이용하면 좋아요. 미역국수 외에도 다시마국수, 톳국수 등 대체 면이 의외로 많으니, 취향대로 골라보세요.

☐ EASY ☑ MEDIUM ☐ HARD	소요 시간 20 min	for 초보 다이어터	약 3,000원	−18kg 감량 때 도움받은 재료

재료특징	레시피특징
▶ 미역국수를 살 때 밀가루가 함유돼 있는지 꼼꼼히 확인해보고 구매하세요. 건조 면에는 일반적으로 밀가루가 포함돼 있으니 가급적 팩 제품을 추천합니다.	▶ 양배추는 숨이 다 죽을 때까지 푹 찌지 말고, 돌돌 말릴 정도로만 살짝 쪄주세요. ▶ 양파와 오이는 최대한 작고 얇게 썰어야 소화가 잘됩니다. 천천히 먹는 습관을 들이는 데도 도움이 됩니다.

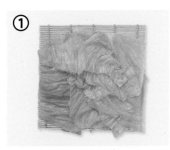

① 큰 양배추 잎 4장을 찢어 손질한 후 쪄서 준비한다. 양배추 맛있게 찌는 법은 P.151를 참고하세요.

② 미역국수를 팩에서 꺼내 채반 위에 올려 물기를 뺀다.

③ 양파는 얇게 슬라이스하고, 오이는 채 썰어 준비한다.

볼에 ②와 양파, 식초 1스푼, 고추장 ½스푼, 들기름 ½스푼, 멸치액젓 ½스푼, 프락토 올리고당 ½스푼, 다진 마늘 약간을 넣고 비빈다.

⑤

김발 위에 찐 양배추를 넓게 펼치고 그 위에 ④와 오이를 길게 올린다.

⑥

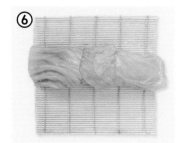

돌돌 말아서 완성한다.

단백질 짱!
egg 달걀

바삭바삭
rice 라이스페이퍼 paper

비타민 업!
carrot 당근

향이 솔솔
perilla 깻잎 leaf

항산화 업!
onion 양파

아삭아삭
kimchi 김치

160

바삭한 라이스페이퍼 모둠 채소 김밥

재료 ☑달걀 2개 ☐라이스페이퍼 2장 ☐깻잎 20장 ☐냉장고 털이 채소(양파, 당근 등) 약간 ☐
씻은 김치 1줄 ☐소금 ⅓티스푼 ☐스리라차 소스 약간 ☐올리브유 1스푼

라이스페이퍼를 활용한 김밥을 소개할 텐데, 이번엔 평소 먹던 방식과는 조금 다른 방식으로 만들 거예요. 라이스페이퍼는 쌀가루와 물로 만든 시트로, 종이처럼 얇고 가볍기 때문에 많이 먹어도 살이 별로 찌지 않는다고 잘못 생각하기 쉬운 식재료입니다. 다이어트를 계기로 칼로리를 공부하게 되면서 이 얇은 페이퍼 하나가 무시하지 못할 열량을 지니고 있다는 걸 알게 됐어요. 그래서 이번에는 최대한 저열량으로 소량만 즐길 수 있는 레시피를 소개합니다. 노릇노릇 바싹 구워 김밥 위에 뿌려 먹는 레시피로, 다이어트하면서 제일 아쉬운 '바삭바삭' 씹는 욕구를 충분히 채워주는 착한 다이어트 요리입니다.

| ☐ EASY
☐ MEDIUM
☐ HARD | 소요 시간 15 min | for 초보 다이어터 | 약 2,000원 | −18kg감량 때
도움받은 재료 |

재료특징	레시피특징
▶ 김치는 갓 담근 것보다 신 김치로 만들어야 더 맛있어요. ▶ 깻잎이 싫다면 쪽파나 대파로 대체하세요.	▶ 라이스페이퍼를 팬에 구울 때는 양옆을 젓가락으로 꼭 잡아줘야 합니다. 그렇지 않으면 라이스페이퍼가 말리면서 골고루 구워지지 않습니다.

볼에 달걀 2개를 푼 후 깻잎 20장을 잘게 잘라 넣고 소금 ⅓티스푼을 넣는다. 깻잎 양은 취향에 따라 가감하세요.

달군 팬에 올리브유 1스푼을 두르고 ①을 올려 지단을 부친다.

양파는 얇게 슬라이스로, 당근은 길게 채 썰어 준비하고, 김치는 양념을 씻어 길게 찢어놓는다.

달군 팬에 양파와 당근, 씻은 김치를 올려 기름 없이 약한 불에 볶는다.

⑤

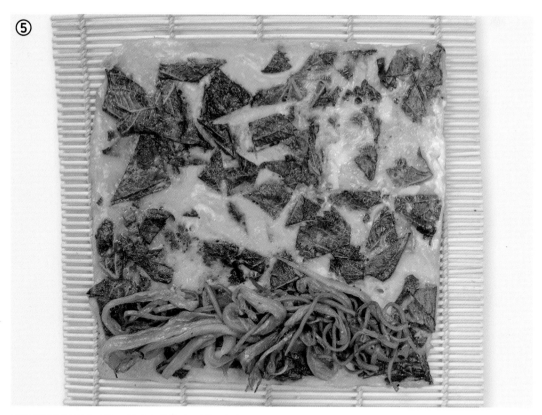

김발 위에 ②를 올린 다음 그 위에 ④를 올리고 돌돌 만다.

⑥

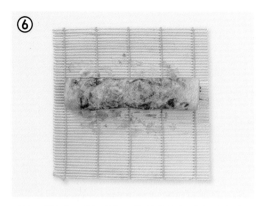

라이스페이퍼 2장을 팬에 구워 잘게 부순 다음 김밥 위에
뿌린다. 스리라차 소스에 찍어 드세요.

짭조름한 맛!
fried 유부 tofu

단백질 업!
tofu 두부

향이 솔솔
perilla 깻잎 leaf

롤유부 꼬마김밥

재료 ☑롤유부 4장 ☐두부 ½모 ☐현미밥 ⅓공기 ☐깻잎 4장 ☐소금 ⅓티스푼 ☐들기름 ½스푼 ☐통깨 약간

다이어트 좀 해봤다 하는 분이라면 한 번쯤은 해 먹어봤을 '두부 유부 초밥'. 인기 있는 이 다이어트 요리를 조금 더 만들기 쉽고 먹기 쉽게 변형한 저만의 레시피를 소개하려고 해요. 저도 다이어트 초반에 두부 유부 초밥을 열심히 만들어 먹곤 했어요. 그렇지만 늘 '다시는 해 먹지 말아야지' 했던 기억이 납니다. 먹기 전에 진을 빼 입맛을 떨어뜨리는 전략인가 싶을 정도로 유부 안에 수분감 있는 두부를 넣는다는 게 여간 어려운 일이 아니었기 때문이에요. 고민 끝에 발견한 게 바로 롤유부입니다. 유부를 김처럼 펼칠 수 있어 아주 손쉽게 김밥을 만들 수 있답니다.

| ☐ EASY ☐ MEDIUM ☐ HARD | 소요 시간 10 min | for 초보 다이어터 | 약 4,000원 | −18kg 감량 때 도움받은 재료 |

재료특징	레시피특징
▶ 롤유부는 풀무원, 동원 등 다양한 제품을 마트에서 쉽게 구매할 수 있어요. 한번 데쳐서 사용하면 더 담백하게 먹을 수 있어요.	▶ 일반 김밥보다 쉽게 풀릴 수 있어요. 롤이 풀리지 않도록 데친 부추로 살짝 묶는 것도 좋습니다.

①

볼에 두부 ½모와 현미밥 ⅓공기, 소금 ⅓티스푼, 들기름 ½스푼, 통깨 약간을 넣고 두부를 으깨며 섞는다.

②

롤유부 1장에 깻잎 1장을 올리고 ①을 적당량 올린다.

③

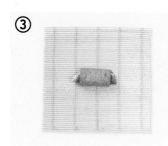

돌돌 말아 완성한 후 같은 방법으로 3개 더 만든다.

수분 짱!
oatmeal 오트밀

단백질 업!
egg 달걀

식이 섬유 짱!
banana 바나나

달달함 업!
다크 초콜릿
chocolate

당충전달달꼬마김밥

재료 ☑️오트밀 5스푼 ☐달걀 2개 ☐바나나 ½개 ☐다크 초콜릿 10g ☐땅콩버터 약간 ☑️

길고 긴 다이어트 기간에 언제든 위기는 오는 법! 유난히 단 게 당긴다거나 달달한 디저트가 먹고 싶어지는 날이 반드시 오기 마련이죠. 특히 여성분이라면 한 달에 한 번 달달한 게 참지 못할 정도로 당기는 날이 있잖아요. 또는 업무 스트레스로 단 게 너무도 먹고 싶어지거나 활력과 에너지를 얻기 위해 달콤한 간식에 자꾸만 눈이 가는 날이 있죠. 이럴 때 만들어 먹기 좋은 저만의 '달달하고 달콤한 김밥' 레시피를 알려드릴게요. 달달한 초콜릿과 부드러운 바나나가 만나 누구든 '홀릭'하게 만들어버리죠. 아이들 간식으로도 더할 나위 없이 좋답니다.

☐ EASY ☐ MEDIUM ☐ HARD	소요 시간 20 min	for 유지어터	약 3,000원	−18kg 감량 중 치팅데이, 유지어트할 때 먹었던 재료

재료특징	레시피특징
▶ 다크 초콜릿은 카카오 함량이 높은 것이 좋지만, 카카오 함량이 높을수록 단맛은 더 떨어집니다. 적당히 달달하면서 카카오 함량도 충분한 80% 이상을 추천합니다. ▶ 바나나는 검은색 점이 없고 색이 노란 것이나 노란색에 연두색이 조금 섞인 것을 사용해주세요.	▶ 다크 초콜릿이 금방 녹으니 한번에 여러 개 만들기보다는 먹을 때마다 바로 만드는 것이 좋아요. ▶ 오트밀에 뜨거운 물을 부어 불린 후 달걀을 넣어 섞으면 훨씬 더 부드럽게 즐길 수 있어요.

① 볼에 달걀 2개를 풀고 오트밀 5스푼을 넣어 섞는다.

② 달군 팬에 ①의 반을 펼쳐 올려 기름 없이 약한 불로 굽는다. 이때 지단의 크기는 일반 김의 ½ 크기만큼으로만 부친다.

③

김발 위에 ②를 올리고 그 위에 땅콩버터를 얇게 펴 바른 다음, 슬라이스한 바나나 ¼개와 잘게 썬 다크 초콜릿 5g을 차례대로 올린다.

돌돌 말아 완성한 후 같은 방법으로 1개 더 만든다.

④

DIET
채식 김밥

PART 05

건강한 녹황색 채소!
케일
Kale

식이 섬유 업!
잎채소
vegetable

부종 예방!
cucumber

채소 감싼 케일 김밥

재료 ☑김 1장 ☐현미밥 ½공기 ☐케일 1장 ☐샐러드용 잎채소 1줌 ☐오이 ½개 ☐간장 2스푼
☐들기름 ½스푼 ☐통깨 약간

콜레스테롤 수치를 낮춰준다고 하는 케일은 건강한 식단에 늘 빠지지 않는 단골 식재료입니다. 케일뿐 아니라 신선한 잎채소도 우리에게 필요한 비타민과 식이 섬유 같은 영양소를 채워주죠. 하지만 아무리 건강한 식재료더라도 소스가 자극적이면 오히려 독이 됩니다. 그동안 다이어트를 하면서 여러 소스와 양념으로 직접 실험해 최고의 조합과 맛을 자랑하는 소스를 드디어 찾았습니다. 주인공은 바로 들기름. 일단 한번 만들어보면 신선한 채소와 고소한 들기름의 환상적인 조화에 반해 헤어 나오실 수 없을 거예요.

| ☐ EASY ☐ MEDIUM ☐ HARD | 소요 시간 15 min | for 프로 다이어터 | 약 3,000원 | −18kg 감량 때 도움받은 재료 |

재료특징	레시피특징
▶ 케일의 크기에 따라 수량을 변경해주세요. 케일 대신 청상추로 바꾸어도 좋습니다.	▶ 케일과 더불어 샐러드용 잎채소를 다양하게 섭취할 수 있다는 것이 이 레시피의 장점이에요. 평소 좋아했던 채소뿐만 아니라 먹어보지 못했던 생소한 채소까지 다양하게 넣어 시도해보세요.

① 볼에 현미밥 ½공기, 간장 2스푼, 들기름 ½스푼, 통깨 약간
을 넣고 비빈다.

② 오이 ½개를 얇게 채 썬다.

③

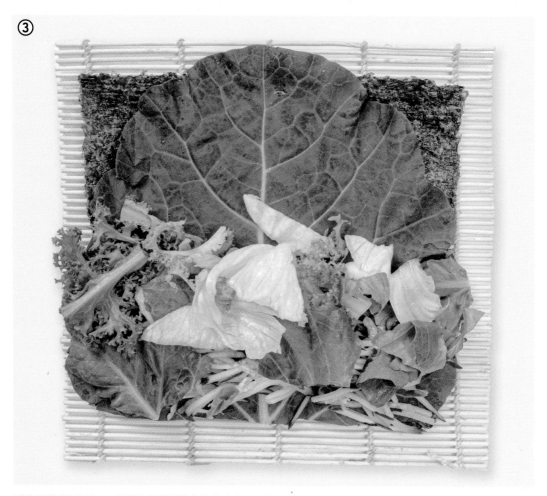

김발 위에 김을 올리고 그 위에 ①을 앞부분에 얇게 편 다음, 케일 1장과 채 썬 오이, 샐러드용 잎채소 1줌을 올린다.

④

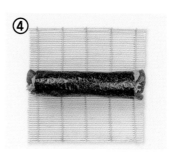

돌돌 말아 완성한다.

반전 식감 가지 김밥

재료 ☑김 1장 ☐현미밥 ½공기 ☐가지 1개 ☐부추 약간 ☐당근 약간 ☐다진 마늘 약간 ☐
소스(간장 : 매실액 : 생수 = 1:1:1) ☐들기름 ½스푼 ☐물 3스푼

가지는 늦은 봄에서 여름까지가 제철입니다. 월로 따지면 5월부터 8월로, 한층 더 부드럽고 야들야들한 식감으로 즐길 수 있어요. 여름 제철 식재료이기 때문에 여름맞이 다이어트를 할 때 샐러드로 먹으면 좋죠. 가지 껍질에는 피부 노화를 방지하는 영양분이 다량 함유돼 있기 때문에 많이 먹으면 먹을수록 살도 빠지고 피부 탄력도 좋아지는 일석이조 효과를 누릴 수 있습니다. 이번에는 제가 사랑해마지않는 가지를 활용한 채식 김밥 레시피를 소개해볼까 해요. 김밥 속에 쏙 들어가 있는 형태이기 때문에 평소 가지에 입도 대지 않았던 분들이어도 거리낌 없이 먹을 수 있습니다.

☐ EASY ☐ MEDIUM ☐ HARD	소요 시간 20 min	for 프로 다이어터	약 1,700원	−18kg 감량 때 도움받은 재료

재료특징	레시피특징
▶ 이 김밥은 가지의 물컹한 식감이 적기 때문에 평소 가지를 먹지 않는 분들도 부담 없이 맛있게 즐길 수 있습니다. ▶ 부추 외에도 다양한 채소를 넣어 풍성하게 즐겨보세요.	▶ 가지를 얇게 썰어야 김밥을 말기 편합니다.

① 가지 1개를 얇게 썬 다음 달군 팬에 올려 물 3스푼을 넣고 기름 없이 약한 불에서 굽듯이 익힌다.

② 볼에 간장, 매실액, 생수를 1:1:1 비율로 섞고 다진 마늘을 넣어 소스를 만든다.

③ 소스를 ①에 붓고 조린다. 소스가 다 졸아들 때까지 익혀주세요.

④ 볼에 현미밥 ½공기와 들기름 ½스푼을 넣고 비빈다.

⑤

김발 위에 ④를 넓게 펴 올리고, 그 위에 ③과 손질해놓은 부추 약간, 채 썬 당근 약간을 차례대로 올린다.

⑥

돌돌 말아 완성한다.

단백질 짱!
tofu 두부

해독 작용!
radish 무

면역력 강화!
green 파 onion

Weight Loss

−18kg

무나물비빔밥김밥

재료 ☑김 1장 ☐현미밥 ⅓공기 ☐두부 ¼모 ☐무 ½개 ☐다진 마늘 약간 ☐대파 약간 ☐간장 ⅓스푼 ☐굵은소금 ⅔스푼 ☐들기름 2스푼 ☐통깨 약간

'주부팔름'이라는 제 이름을 걸고 세상에서 제일 맛있는 무나물 중 하나라고 자신할 수 있는 무나물 레시피를 공개합니다. 친정 어머니께 전수받은, 무려 2대에 걸친 무나물 레시피입니다. 즐겨 먹은 다음부터 감량이 많이 됐다는 후기가 가장 많았던 레시피로, 맛은 물론 체중 감량까지 보장해요. 제가 늘 외치는 것처럼 '맛있어요, 살 빠져요!' 레시피죠. 만드는 법도 매우 간단해서 요리를 잘 하지 못하는 분들도 세상 쉽게 따라 할 수 있으니, 일석이조를 넘어 일석삼조인 셈이죠?

☐ EASY ☐ MEDIUM ☐ HARD	소요 시간 30 min (무나물 조리 시간 20 min +김밥 조리 시간 10 min)	for 초보 다이어터	약 1,500원	−18kg 감량 때 도움받은 재료

재료특징	레시피특징
▶ 무채를 썰 때 너무 얇게 썰지 않도록 조심하세요. 너무 얇으면 무나물을 볶는 과정에서 무가 부서질 수 있습니다.	▶ 무를 볶을 땐 불 조절이 가장 중요해요. 처음에는 중간 불로 시작해서 중약불로, 다시 중간 불로 조절해주어야 합니다. '중간 불 → 중약 불 → 중간 불'의 순서를 꼭 기억해주세요.

무 ½개는 채 썰고 대파 약간은 어슷 썰어 달군 팬에 올린 다음, 굵은소금 ⅔스푼, 들기름 2스푼, 다진 마늘 약간을 넣고 기름 없이 중간 불에서 볶는다.

무에서 물이 나오기 시작하면 뚜껑을 덮고 중약불에서 8분간 더 익힌 후에 뚜껑을 다시 열고 중간 불로 낮춘 후 수분을 날리면서 7분 더 볶는다. 2번 정도 먹을 수 있는 양이에요.

볼에 완성된 무나물 ½ 분량과 현미밥 ⅓공기, 두부 ¼모, 간장 ⅓스푼, 통깨 약간을 넣고 비빈다.

④

김발 위에 김을 올리고 그 위에 ③을 넓게 올린 다음 남은 무나물 중 약간을 길게 펼쳐 올린다.

⑤

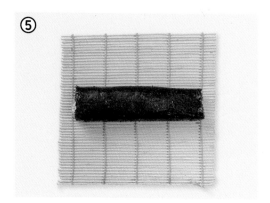

돌돌 말아 완성한다.

위에 좋은
양배추
cabbage

단백질 짱!
두부
tofu

비타민 업!
당근
carrot

항산화 효과
양파
onion

수분 업!
오이
cucumber

아삭아삭
피프리카
bell pepper

채식 볶음밥 꼬마 김밥

재료 ☑김 3장 ☐현미밥 ½공기 ☐두부 ¼모 ☐냉장고 털이 채소(양배추, 양파, 당근 등) 약간 ☐
오이 약간 ☐파프리카 약간 ☐스리라차 소스 2스푼 ☐프락토 올리고당 1스푼 ☐다진 마늘 약간
☐올리브유 1스푼

다이어트하면서 볶음밥을 즐겨 먹는다? 다이어트 상식대로라면 조금
은 어불성설일 테지만, 저는 다이어트 내내 실제로 볶음밥을 즐겨 먹었
습니다. 물론 기름 양을 대폭 줄여 칼로리를 줄이는 방법으로 조리했지
만요. 이처럼 제가 볶음밥을 포기하지 못했던 단 하나의 이유는 바로
'냉장고 털이' 때문이에요. 저처럼 살림을 병행하는 주부에게도, 혼자
자취하는 분들에게도 냉장고 속 가득한 채소는 언제나 마음의 짐이죠.
볶음밥이야말로 이러한 스트레스를 손쉽게, 그리고 단숨에 해소해주
는 좋은 다이어트 친구입니다. 스트레스도 가벼워지고 몸도 가벼워지
는 '채식 볶음밥 꼬마 김밥', 지금부터 같이 만들어봐요!

☐ EASY ☐ MEDIUM ☐ HARD	소요 시간 15 min	for 초보 다이어터	약 1,500원	-18kg 감량 때 도움받은 재료

재료특징	레시피특징
▶ 냉장고에 잠들어 있는 채소라면 어떤 것이든 괜찮아요.	▶ 비법 소스에 들어가는 오이에서 물이 나오기 때문에 비법 소스는 그때그때 만들어 먹는 것이 가장 좋아요. 만약 미리 만들어놓는다면 하루 이상 냉장고에 보관하지 마세요.

① 양배추, 당근, 양파 등 냉장고 속 채소를 꺼내 다지기로 다진다.

② 팬에 올리브유 1스푼을 두르고 현미밥 ½공기, 두부 ¼모, ① 의 다진 채소를 넣고 볶는다.

③ 파프리카 약간과 오이 약간을 각각 잘게 잘라 볼에 담은 후, 스리라차 소스 2스푼, 프락토 올리고당 1스푼, 다진 마늘 약 간을 넣어 소스를 만든다.

④

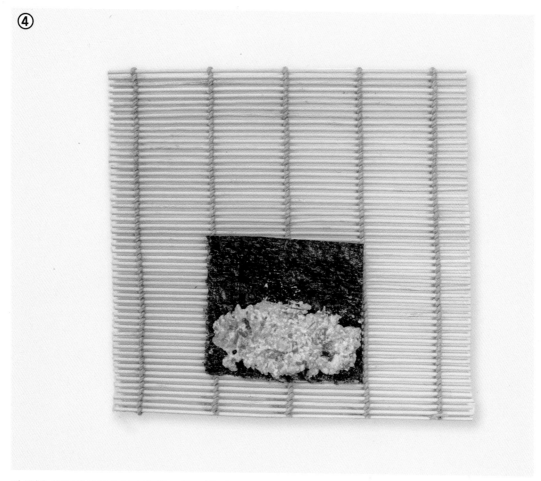

김 3장을 4등분해서 12장으로 만들고, 그중 1장을 김발 위에 올린 후 ②와 ③을 적당량 올린다.

⑤

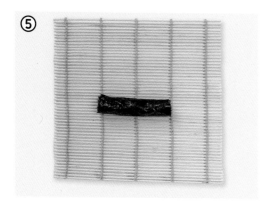

돌돌 만다. 동일한 방법으로 11개 더 만들어주세요.

비타민 A의 황제!
당근
carrot

소화에 도움!
양파
onion

Weight Loss

−18kg

새콤한 당근 꼬마 김밥

재료 ☑김 2장 ☐당근 1개 ☐양파 ⅓개 ☐현미밥 ½공기 ☐홀그레인 머스터드 1스푼 ☐
올리브유 3스푼 ☐프락토 올리고당 1스푼 ☐후춧가루 약간 ☐식초 ½스푼 ☐소금 ½스푼

당근 요리 중에 제가 가장 좋아하는 '당근 라페'를 활용한 김밥입니다.
당근과 홀그레인 머스터드 등 각종 소스를 섞어 만드는 당근 라페는
새콤한 맛이 일품이죠. 원래는 샌드위치 속 재료로 많이 활용되지만,
특유의 새콤함이 밥과도 매우 잘 어울리기 때문에 김밥 속 재료로도 손
색없습니다. 고급스러운 카페의 브런치가 연상되는 맛인데, 만드는 법
이 무척 간단해 요리에 자신이 없는 분들도 간단하고 쉽게 만들 수 있
어요. 맛도 색도 좋아서 도시락이나 손님 대접용으로 내놓으면 어깨에
힘 좀 들어가는 맛있는 다이어트 김밥입니다.

☐ EASY ☐ MEDIUM ☐ HARD	소요 시간 20 min	for 프로 다이어터	약 3,500원	−18kg 감량 때 도움받은 재료

재료특징	레시피특징
▶ 밥을 빼고 구운 두부로 만들어도 좋아요. ▶ 당근에는 노화 방지와 항산화 효과가 있는 베타카로틴이 함유돼 있습니다.	▶ 당근 라페는 한번 만들어두면 최대 3일까지 오래 먹을 수 있어 좋아요. 많이 만들어 다른 메뉴에도 활용해보세요.

191

① 당근 1개를 채 썬 후 소금 ½스푼을 넣어 버무린 다음, 약 10분간 절여 물기를 짠다.

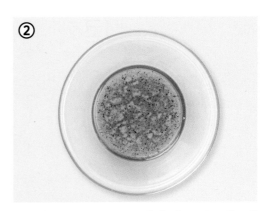

② 볼에 홀그레인 머스터드 1스푼, 올리브유 3스푼, 프락토 올리고당 1스푼, 식초 ½스푼, 후춧가루 약간을 넣고 섞는다.

③ ①에 ②를 붓고 잘 섞어준다.

④ 양파 ⅓개를 슬라이스한다.

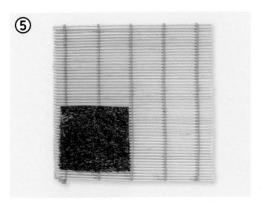

⑤ 김 2장을 4등분해서 8장으로 만들고, 1장을 김발 위에 올린다.

⑥

⑤ 위에 현미밥 적당량을 김의 ⅓ 부분에만 펼쳐 올린 다음 ③과 ④를 적당량 올린다.

⑦

돌돌 말아 완성한다. 동일한 방법으로 7개 더 만든다.

MEMO

메모